学电脑
（Windows 11 + WPS Office）
从入门到精通
（AI高效版）

李艳婷 编著

U0280247

人民邮电出版社

北京

图书在版编目（CIP）数据

学电脑（Windows 11+WPS Office）从入门到精通：AI高效版 / 李艳婷编著. -- 北京：人民邮电出版社，2024.6
ISBN 978-7-115-64243-1

Ⅰ．①学… Ⅱ．①李… Ⅲ．①Windows操作系统②办公自动化—应用软件 Ⅳ．①TP316.7②TP317.1

中国国家版本馆CIP数据核字（2024）第084677号

内 容 提 要

本书以实战教学的方式系统地介绍电脑的相关知识和应用技巧。

全书共 15 章：第 1～7 章主要介绍 Windows 11 的使用方法，包括 Windows 11 的基础操作、打造个性化的电脑操作环境、管理电脑文件和文件夹、轻松学会打字、网络的连接与配置、管理电脑中的软件及多媒体娱乐等内容；第 8、9 章主要介绍高效使用浏览器上网和 AI 的高效应用等内容；第 10～14 章主要介绍 WPS Office 的应用方法，包括文字的处理与排版、数据的整理与分析、演示文稿的设计与放映、PDF 文档的编辑与处理及 AI 在办公中的高效应用等内容；第 15 章主要介绍电脑系统的优化与维护。

本书不仅适合电脑的初、中级用户学习，还可以作为各类院校相关专业和电脑培训班的教材或辅导书。

◆ 编　　著　李艳婷
　　责任编辑　李永涛
　　责任印制　胡　南
◆ 人民邮电出版社出版发行　　北京市丰台区成寿寺路 11 号
　　邮编　100164　　电子邮件　315@ptpress.com.cn
　　网址　https://www.ptpress.com.cn
　　三河市君旺印务有限公司印刷
◆ 开本：787×1092　1/16
　　印张：16.5　　　　　　　　2024 年 6 月第 1 版
　　字数：422 千字　　　　　　2024 年 6 月河北第 1 次印刷

定价：79.90 元

读者服务热线：（010）81055410　印装质量热线：（010）81055316
反盗版热线：（010）81055315
广告经营许可证：京东市监广登字 20170147 号

在当今人工智能（Artificial Intelligence，AI）技术高速发展的时代，AI 已经融入我们的工作、学习和日常生活，这要求我们掌握电脑操作技能，并能够熟练利用 AI 大模型。为了帮助广大读者跟上时代的步伐，满足读者对高科技学习的需求，笔者精心编写了本书，内容涵盖 Windows 11 操作系统的使用方法，以及 AI 大模型和 WPS AI 的使用，目的是提供实用的电脑使用技巧和 AI 大模型应用方法，助力读者提升工作效率和解决实际问题的能力。

◈ 写作特色

无论读者是否接触过电脑和 AI，都能从本书中获益，掌握电脑和 AI 的使用方法。

◗ 面向实际，精选案例
全书内容以实战案例为主线，在此基础上适当扩展知识点，以实现学以致用。

◗ 图文并茂，轻松学习
本书突出重点、难点。所有实战案例的操作均配有对应的插图，以便读者在学习过程中直观、清晰地看到操作的过程和效果，从而提高学习效率。

◗ 单双栏混排，超大容量
本书采用单双栏混排的形式，大大扩充了信息容量，在有限的篇幅中为读者介绍更多的知识和实战案例。

◗ 高手支招，举一反三
本书在"高手私房菜"栏目中介绍了各种高级操作技巧，为知识点的扩展应用提供思路。

◗ 视频教程，互动教学
在视频教程中，笔者利用工作、生活中的真实案例，帮助读者体验实际应用环境，从而全面理解知识点。

◉ 配套资源

◗ 全程同步视频教程
本书配套的同步视频教程详细地讲解了每个实战案例的操作过程及关键步骤，能够帮助读者轻松地掌握书中的理论知识和操作技巧。

◗ 超值学习资源
本书附赠大量与学习内容相关的视频教程、扩展学习电子书，以及所有案例的配套素材和结果文件等，以方便读者学习。

◗ 学习资源下载方法
读者可以使用微信扫描封底二维码，关注"异步图书"公众号，发送"64243"，根据提示获取学习资源。

编读互动

　　本书由郑州轻工业大学李艳婷编著。在编写本书的过程中，笔者竭尽所能地将更好的内容呈现给读者，但书中难免有疏漏和不妥之处，敬请广大读者批评指正。读者在学习过程中有任何疑问或建议，可发送电子邮件至 liyongtao@ptpress.com.cn。

李艳婷

2024 年 1 月

赠送资源

- 赠送资源 01　网络搜索与下载技巧手册
- 赠送资源 02　电脑维护与故障处理技巧查询手册
- 赠送资源 03　电脑操作技巧查询手册
- 赠送资源 04　移动办公技巧手册
- 赠送资源 05　2000 个精选文档模板
- 赠送资源 06　1800 个典型表格模板
- 赠送资源 07　1500 个精美演示模板
- 赠送资源 08　13 小时 Photoshop CC 视频教程

第 1 章

熟悉Windows 11

　　Windows 11的初学者首先需要掌握系统的基本操作。本章将主要介绍Windows 11的基础知识，包括Windows 11的桌面、窗口、【开始】菜单、小组件及通知中心等的基本操作。

1.1 认识Windows 11的桌面

进入Windows 11后，用户首先看到的是桌面，本节将介绍Windows 11的桌面。

1.1.1 桌面的组成

桌面的组成元素主要包括桌面背景、桌面图标和任务栏等，如下图所示。

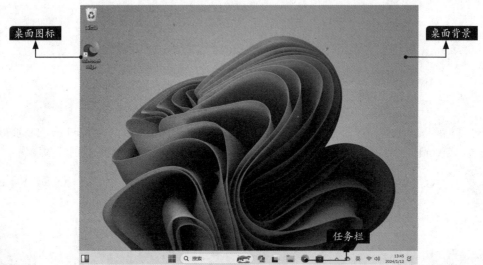

1.桌面背景

桌面背景可以是Windows 提供的图片、纯色图片、带有颜色框架的图片或个人收集的图片等，也可以以幻灯片形式显示图片。

Windows 11自带很多漂亮的背景图片，用户可以从中选择自己喜欢的图片作为桌面背景。除此之外，用户还可以把自己收集的图片设置为桌面背景。

2.桌面图标

Windows 11中，所有的文件、文件夹和软件等都由相应的图标表示。桌面图标一般由文字和图片组成，文字说明图标的名称或功能，图片是它的标识符。新安装的系统的桌面上只有【回收站】和【Microsoft Edge】图标。

用户双击桌面图标，可以快速地打开相应

的文件、文件夹或者软件，如双击桌面上的【回收站】图标，即可打开【回收站】窗口，如下图所示。

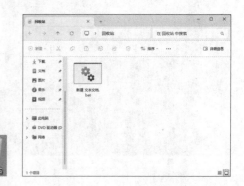

3.任务栏

任务栏是位于桌面最底部的长条区域，用于显示系统正在运行的程序、当前时间等，主要由【开始】按钮、快速启动区域、系统图标显示区和【显示桌面】按钮等组成。和以前的操作系统相比，Windows 11中的任务栏设计得更加人性化，使用更加方便、功能更强大，如下图所示。快速启动区域包含搜索框、Copilot、任务视图、文件资源管理器、Microsoft Edge和Microsoft Store的启动图标。按【Alt +Tab】组合键可以在不同的窗口之间进行切换。

（1）通知区域

默认情况下，通知区域位于任务栏的右侧。它包含一些程序图标，这些图标可以显示相关程序的状态和通知信息，如下图所示。

用户可以更改出现在通知区域中的图标和通知，对于某些特殊图标（称为"系统图标"），还可以选择是否显示它们。

用户可以通过拖曳的方法来更改图标在通知区域中的显示顺序。

（2）【开始】按钮

单击桌面左下角的【开始】按钮■或按【Windows】键，即可打开【开始】菜单，如

下图所示。顶部为搜索框。中间区域包括【已固定】和【推荐的项目】两个区域，其中【已固定】区域显示固定的程序图标，单击图标即可启动相应程序；Windows 11会根据用户的使用习惯，将某些项目罗列在【推荐的项目】区域中，以方便用户快速访问。【开始】菜单底部包含"账户设置"和【电源】按钮，用于设置用户账户和进行关机操作。

1.1.2　找回传统桌面的系统图标

刚安装好Windows 11时，桌面上只有【回收站】和【Microsoft Edge】图标，用户可以添加【此电脑】【用户的文件】【控制面板】【网络】图标，具体操作步骤如下。

步骤 01 在桌面空白处右击，在弹出的菜单中单击【个性化】选项，如下图所示。

步骤 02 在弹出的【个性化】界面中单击【主题】选项，如下图所示。

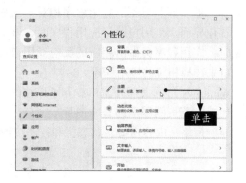

步骤 03 进入【主题】界面，单击【相关设置】下的【桌面图标设置】选项，如下图所示。

勾选的图标便会在桌面上显示，如下图所示。

步骤 04 弹出【桌面图标设置】对话框，在【桌面图标】选项组中勾选要显示的桌面图标对应的复选框，单击【确定】按钮，如右上图所示。

1.2 实战——窗口的基本操作

窗口是Windows 11的重要组成部分，对窗口进行的操作属于最基本的操作。

1.2.1 Windows 11的窗口组成

窗口是屏幕上与一个应用程序相对应的矩形区域，是用户与产生该窗口的应用程序进行交互的可视化界面。当用户运行应用程序时，该应用程序就会创建并显示窗口；当用户操作窗口中的对象时，应用程序会做出相应的反应。用户通过关闭窗口来终止应用程序的运行，通过选择相应的窗口来选择相应的应用程序。

Windows 11的大部分窗口放弃了以往的直角矩形方案，采用了圆角矩形和模糊玻璃特效，更具现代感。下页图展示的是【图片】窗口，由标签页、功能选项区、地址栏、控制按钮区、搜索框、导航窗格、内容窗口、状态栏和视图按钮等部分组成。

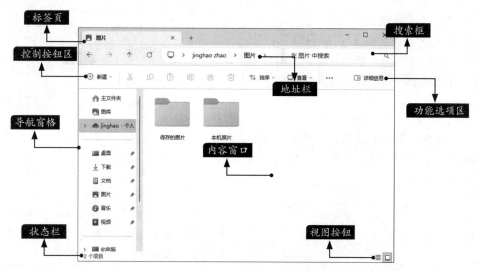

1.标签页

文件资源管理器中的标签功能支持多标签页，用户可以在一个文件资源管理器窗口中浏览多个界面，单击【添加新标签】按钮 ✚，即可添加新标签页，如下图所示。例如，用户可以将所有打开的文件夹放在一个窗口的不同标签页中，这相比于将文件夹放在不同窗口中更方便。

另外，文件资源管理器的标签页还支持拖动拆分/合并窗口。用户还可以通过拖动标签页来移动窗口，其操作方式类似浏览器的标签页。下图所示为拖曳拆分窗口。

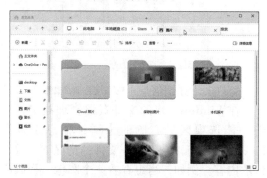

2. 功能选项区

功能选项区包含常用的功能按钮，依次为新建、剪切、复制、粘贴、重命名、共享、删除、排序、查看、查看更多和详细信息，共11个按钮。不同的窗口中显示的按钮有所差异。

（1）【新建】按钮 ⊕ 新建 ˅

单击【新建】按钮，在弹出的菜单中可以进行新建文件夹、新建快捷方式和新建文件等操作，其中新建文件的种类与电脑中已安装的应用程序有关。如安装了WPS Office，则可新建WPS支持的文件，如下图所示。

（2）【剪切】按钮 ✂

选中文件或文件夹，单击【剪切】按钮 ✂，可执行剪切操作。

（3）【复制】按钮 ⧉

选中文件或文件夹，单击【复制】按钮 ⧉，可执行复制操作。

（4）【粘贴】按钮

执行剪切或复制操作后，在目标文件夹下，【粘贴】按钮为可单击状态，单击该按钮，即可将剪切或复制的文件或文件夹粘贴到当前文件夹。

（5）【重命名】按钮

单击【重命名】按钮后，所选文件或文件夹的名称处于可编辑状态，用户可对其进行重命名，如下图所示。

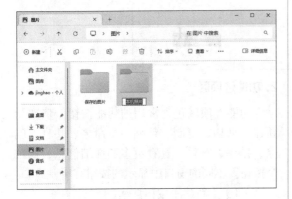

（6）【共享】按钮

单击【共享】按钮，弹出下图所示的界面，用户可以将所选文件发送给联系人。

（7）【删除】按钮

单击【删除】按钮，可将所选的文件或文件夹删除。

（8）【排序】按钮

单击【排序】按钮，弹出下拉列表，用户可以对当前窗口中的文件或文件夹进行排序，如右上图所示。

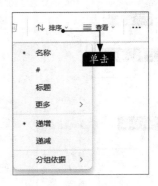

（9）【查看】按钮

单击【查看】按钮，弹出下拉列表，用户可以设置图标大小、列表显示方式等，如下图所示。

（10）【查看更多】按钮

单击【查看更多】按钮，用户可进行撤销、固定到快速访问、全部选择、全部取消等操作，如下图所示。

（11）【详细信息】按钮 详细信息

在Windows 11的文件资源管理器中，单击功能选项区最右侧的【详细信息】按钮，可以在不打开文件的情况下查看文件的内容。例如，当想查看一个图像、视频或文档，但并不想打开它时，可以使用预览窗格来查看这些文件类型的快照。这个功能非常有用，因为它可以让你快速地对文件有一个大致的了解，而无须打开它们。

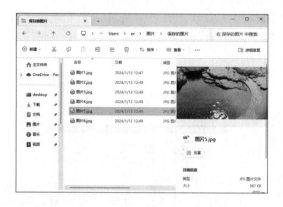

3. 地址栏

地址栏位于功能选项区的上方，主要展示从根目录到当前所在目录的路径，单击地址栏即可看到具体的路径，下图展示的是【文档（G:）】下【办公文档】文件夹中的内容。

单击路径中的【文档（G:）】右侧的按钮，弹出下拉列表，在其中可以选择要打开的文件或文件夹，如下图所示。

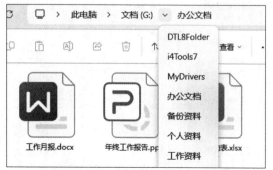

用户可以通过地址栏返回某个位置，如单击【文档（G:）】，则可以立即返回G盘。

另外，在地址栏中直接输入路径，按

【Enter】键，可以快速到达要访问的位置。

4. 控制按钮区

控制按钮区位于地址栏的左侧，主要用于返回、前进、上移到前一个位置和刷新，如下图所示。

5. 搜索框

搜索框位于地址栏的右侧，在搜索框中输入关键词，可以快速查找当前位置中相关的文件、文件夹。

6. 导航窗格

导航窗格位于功能选项区下方，可以快速访问主要文件夹和资源，如主文件夹、图库、桌面、此电脑、网络等，用户可以通过导航窗格快速定位到相应的位置。另外，用户可以通过导航窗格中的【展开】按钮和【折叠】按钮，显示或隐藏详细的子目录。

7. 内容窗口

内容窗口位于导航窗格右侧，是显示当前位置的区域，也叫工作区域。

8. 状态栏

状态栏位于导航窗格下方，显示当前位置中的项目数量，也会根据用户选择的内容，显示所选文件或文件夹的数量、容量等信息。

9. 视图按钮

视图按钮位于状态栏右侧，包含【在窗口中显示每一项的相关信息】和【使用大缩略图显示项】两个按钮，用户可以单击它们来切换到相应视图。

1.2.2 打开和关闭窗口

本小节主要介绍打开和关闭窗口的操作方法。

1. 打开窗口

在Windows 11中，双击程序图标，即可打开对应的窗口。利用【开始】菜单、桌面图标、任务栏中的快速启动区域都可以打开窗口。

另外，右击程序图标，在弹出的菜单中单击【打开】选项，也可打开对应的窗口，如下图所示。

2.关闭窗口

常见的关闭窗口的方法有以下几种。

（1）使用关闭按钮

单击窗口右上角的【关闭】按钮 ，即可关闭当前窗口，如下图所示。

（2）使用任务栏

在任务栏上右击需要关闭的程序的图标，

在弹出的菜单中单击【关闭窗口】选项，可关闭该程序窗口，如下图所示。如果该程序打开了多个窗口，则该选项显示为【关闭所有窗口】。

（3）使用快捷键

在当前窗口中按【Alt+F4】组合键，即可关闭窗口。

（4）关闭文件资源管理器窗口中的标签页

如果文件资源管理器窗口中打开了多个标签页，需要关闭其中一个标签页，单击该标签页右侧的【关闭】按钮即可。

另外，也可以右击该标签页，然后在弹出的菜单中单击【关闭标签页】选项，关闭指定的标签页，如下图所示。如果想关闭其他所有标签页，可单击【关闭其他标签页】选项，这样，除了当前正在使用的标签页外，其他所有的标签页都会被关闭。

1.2.3 移动窗口

当窗口没有处于最大化或最小化状态时，将鼠标指针放在需要移动的窗口的标题栏上，鼠标指针变为 形状，按住鼠标左键不放，拖曳窗口到需要的位置，释放鼠标左键，即可移动窗口，如下图所示。

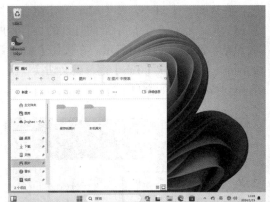

1.2.4 调整窗口的大小

默认情况下，打开的窗口的大小和上次关闭时的大小一样。将鼠标指针移动到窗口的4条边上，当鼠标指针变为↕或↔形状时，按住鼠标左键并上下或左右拖曳鼠标，可纵向或横向改变窗口的大小。将鼠标指针移动到窗口的4个角上，当鼠标指针变为↖或↘形状时，按住鼠标左键拖曳鼠标，可自由缩放窗口，如下图所示。

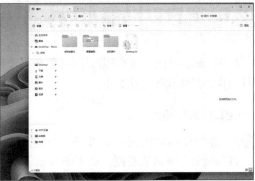

另外，单击窗口右上角的【最小化】按钮－，可以使当前窗口最小化；单击【最大化】按钮▢，可以使当前窗口最大化；在窗口最大化时，单击【向下还原】按钮▢，可将窗口还原到窗口最大化之前的大小。

> **小提示**
>
> 在当前窗口中双击窗口的标题栏，可使当前窗口最大化；再次双击窗口的标题栏，可以向下还原窗口。

1.2.5 切换当前窗口

如果同时打开了多个窗口，有时需要在各个窗口之间进行切换，本小节介绍切换当前窗口的方法。

1. 使用鼠标切换

如果打开了多个窗口，单击需要切换到的窗口的任意位置，该窗口即出现在所有窗口的最前面。

另外，将鼠标指针移动到任务栏的某个程序图标上，该程序图标上方会显示该程序的预览小窗口，如下图所示。将鼠标指针移动到预览小窗口中，桌面上会显示该程序的对应窗口。如果需要切换到该窗口，单击预览小窗口即可。

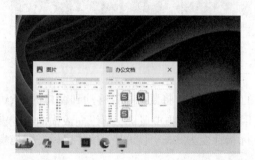

2.【Alt+Tab】组合键

在Windows 11中，按【Alt+Tab】组合键切换窗口时，桌面上会显示当前打开的所有程序的预览小窗口，如下图所示。在按住【Alt】键的同时，每按一次【Tab】键，就会切换一次，直至切换到需要的窗口。

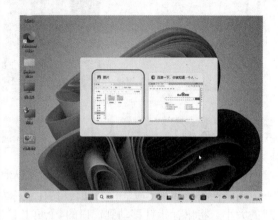

1.2.6 窗口以贴靠布局显示

在Windows 11中，如果需要同时处理多个窗口，可以让它们以贴靠布局显示，这样就不需要进行切换，具体操作方法如下。

1. 单窗口的贴靠排列

步骤01 选中要移动的窗口，按住鼠标左键不放，将其拖曳至桌面最右侧，如下图所示。

步骤02 释放鼠标左键，该窗口即贴靠桌面右侧，如右图所示。

> **小提示**
>
> 如果向左侧拖曳，则窗口会贴靠在桌面左侧。

2. 双窗口的并排排列

步骤01 选择一个窗口，按住【Windows】键，然后按【→】键，如下图所示。

当前窗口自动贴靠在桌面右侧，左侧则弹出预览小窗口，如下图所示，用户可以选择要并排的窗口。

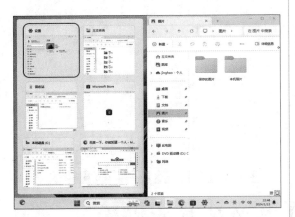

步骤 02 单击左侧要显示的窗口，两个窗口即并排显示，如下图所示。

步骤 03 将鼠标指针移至两个窗口的接缝处，鼠标指针变为⟷形状，如右上图所示，按住鼠标

左键拖曳鼠标可左右移动接缝，以调整两个窗口的宽度。

3. 多窗口的并排排列

步骤 01 打开一个窗口，按【Windows+Z】组合键，当前窗口右上角显示贴靠布局选项，其中包含6种布局模式。不同的布局方式将桌面划分为不同的区域，并按照区域大小提供了不同的排列方式，如左右、左和右上右下及形如田字格的排列等，如下图所示。

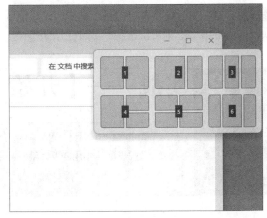

小提示

将鼠标指针移至【最大化】或【向下还原】按钮上，也会显示贴靠布局选项。

步骤 02 根据要排列的窗口的数量，选择一种贴靠布局方式及当前窗口所处的位置，如下页图所示。

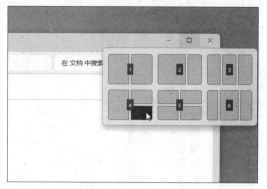

窗口会按照所选的布局方式排列，如下图所示。

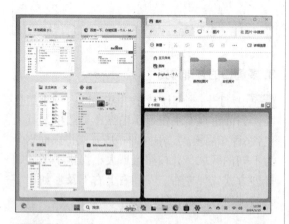

步骤04 使用同样的方法，选择右上角区域要显示的窗口，此时3个窗口的布局显示效果如下图所示。如果要关闭窗口，将它们逐个关闭即可。

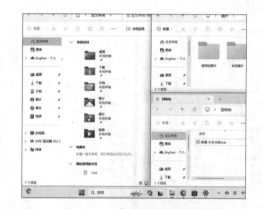

步骤03 在包含预览小窗口的悬浮框中，选择该区域要显示的窗口，即可快速显示，如右上图所示。

1.3 实战——【开始】菜单的基本操作

 与Windows 10相比，Windows 11的【开始】菜单发生了重大变革，它居中显示在任务栏中，这样可以让用户更容易找到所需的内容。本节将主要介绍【开始】菜单的基本操作。

1.3.1 认识【开始】菜单

在学习【开始】菜单的基本操作之前，先认识一下【开始】菜单。

1. 打开【开始】菜单

下面两种方法都可以打开【开始】菜单。

（1）单击任务栏中的【开始】按钮 。

（2）按【Windows】键 。

2.【开始】菜单的组成

单击任务栏中的【开始】按钮 ，打开【开始】菜单，可以看到其中包含搜索框、【已固定】区域、【所有应用】按钮、【推荐的项目】区域、账户设置和【电源】按钮，如下图所示。

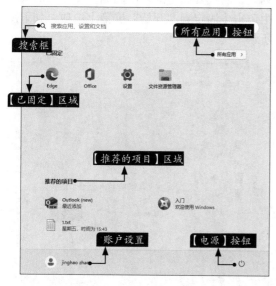

（1）搜索框

单击搜索框会跳转到【搜索】界面，用户可以在其中搜索应用、文档、网页、设置、视频、文件夹、音乐等，左侧为推荐应用程序列表，右侧为搜索热点，如下图所示。

（2）【已固定】区域

【已固定】区域显示了常用的项目，用户可以根据需求，在其中取消固定项目或添加固定项目。

（3）【所有应用】按钮

单击【所有应用】按钮，可以打开程序列表，如下图所示。

（4）【推荐的项目】区域

Windows 11基于云的支持，根据用户使用程序、文档等的习惯，会在【推荐的项目】区域显示各种程序、最近浏览的文档，方便用户快速访问。

（5）账户设置

在电脑上登录账户后，账户设置按钮会显示为账户头像，单击该按钮，会弹出下图所示的菜单，用户可以执行更改账户设置、锁定屏幕及注销的操作。

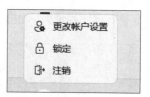

（6）【电源】按钮

【电源】按钮主要用来关闭或重启操作系统，单击该按钮后会弹出菜单，其中包括【登录选项】【关机】【重启】选项，如下图所示。

1.3.2 在【开始】菜单中取消或固定程序

　　【开始】菜单的【已固定】区域中默认包含13个程序图标，用户可以根据使用需求，选择将其中的某些程序图标取消固定，或者固定新的程序图标，具体操作步骤如下。

步骤01 按【Windows】键，打开【开始】菜单，在【已固定】区域中右击要取消固定的程序图标，在弹出的菜单中单击【从"开始"屏幕取消固定】选项，如下图所示。

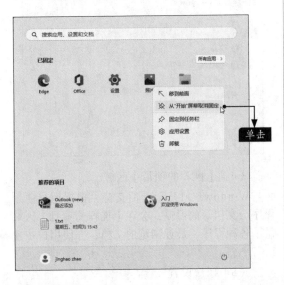

小提示

　　单击【移到前面】选项，可将所选图标固定到首位。

　　单击后，该程序图标消失，如下图所示。

步骤02 单击【所有应用】按钮，可以打开应用列表，右击要固定的程序图标，在弹出的菜单中单击【固定到"开始"屏幕】选项，如下图所示。

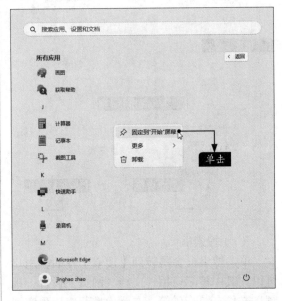

　　返回【开始】菜单，即可看到添加的程序图标，如下图所示。

1.4 实战——小组件的基本操作

Windows 11的小组件是一种小型窗口，用于在桌面上展示用户喜欢的应用和服务中的动态内容。

1.4.1 调整小组件

在小组件面板中，用户可以添加或删除小组件、调整小组件的大小等，具体操作步骤如下。

步骤 01 单击任务栏左侧的【小组件】区域或按【Windows+W】组合键，打开小组件面板，如下图所示。如果未登录Microsoft账户，就会提示"登录以使用小组件"，单击【登录】按钮进行登录即可。

单击后，对应的小组件即被添加到小组件面板中，如下图所示。

步骤 02 如果要添加小组件，可以单击面板中的【添加小组件】按钮 ＋ ，如下图所示。

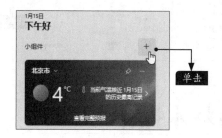

步骤 03 弹出【固定小组件】窗格，选择要添加的小组件，然后单击【固定】按钮，如右上图所示。

步骤 04 如果要删除某个小组件，则可以单击小组件右上角的【更多选项】按钮⋯，在弹出的菜单中单击【取消固定小组件】选项，如下页图所示。

单击后，对应的小组件从小组件面板中消失，如下图所示。

步骤 05 单击小组件右上角的【更多选项】按钮

···，在弹出的菜单中可以设置其大小，如下图所示。

> **小提示**
>
> 另外，用户还可以在上述菜单中单击【自定义小组件】选项，根据需求设置个性化小组件。

1.4.2 从任务栏中关闭小组件

如果用户不习惯使用小组件，可以将其从任务栏中关闭，具体操作步骤如下。

步骤 01 按【Windows+I】组合键，打开【设置】面板，单击【个性化】➤【任务栏】选项，如下图所示。

步骤 02 在【任务栏项】区域中单击【小组件】右侧的按钮，将其设置为"关"，如下图所示。

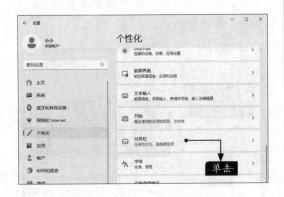

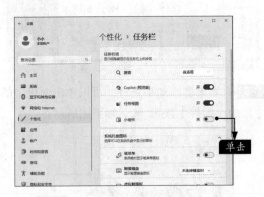

1.5 实战——通知中心的基本操作

通知中心可以显示更新内容、电子邮件和日历等通知信息。在Windows 11中，通知中心的作用被强化。本节介绍通知中心的基本操作。

1.5.1 打开通知中心

手机屏幕中的顶部通知栏是向用户推送和传达各种消息的信息聚合中心，Windows 11中的通知中心也一样，它可提示用户有关系统、程序、网络连接等的各种消息，方便用户快速操作。

单击任务栏中的日期和时间区域，如下图所示，或者按【Windows+N】组合键。

打开Windows 11的通知中心，如右图所示。

1.5.2 更改通知设置

用户可以打开或关闭通知，还可以更改部分应用或发送者的通知设置。

步骤 01 右击任务栏中的日期和时间区域，在弹出的菜单中单击【通知设置】选项，如下图所示。

步骤 02 进入【通知】界面，单击【通知】右侧的开关按钮，可以设置是否获取通知，如下图所示。

步骤 03 在【来自应用和其他发送者的通知】区域中，可以打开或关闭部分应用或发送者的通知，如下图所示。如果有的应用会弹出广告窗口，在此关闭通知即可解决弹窗问题。

步骤 04 当单击列表中的某项应用时，可进入该应用的通知详细设置页面。单击不同选项的开关按钮，可设置是否显示通知横幅、是否在通知中心显示通知等，如下图所示。

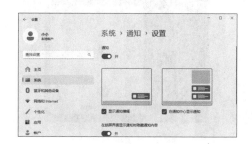

高手私房菜

技巧1： 快速锁定Windows桌面

离开电脑时，我们可以将电脑锁屏，这样可以有效地保护隐私。按【Windows+L】组合键，可以快速锁定Windows桌面，进入锁屏界面，如下图所示。

技巧2： 专注功能的高效应用

Windows 11的专注功能是一项强大的工具，它集成了时钟、待办事项和每日进度等功能。当用户需要专注于某项任务时，可以开启这个功能，以便更好地集中精力，提高工作或学习效率。

步骤 01 单击日期和时间区域，在弹出的面板中单击【开始专注】按钮，如下图所示。

桌面右上角会显示下图所示的时钟，用户可以查看时间情况，也可进行暂停操作。

步骤 02 单击【返回完整视图】按钮 ，会打开【时钟】界面，用户可以管理每日进度和添加任务，如下图所示。单击【设置】按钮，可以设置专注周期、休息周期、休息结束声音等。

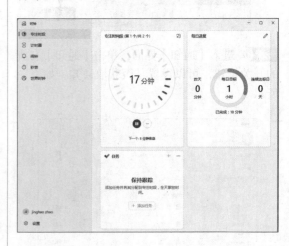

第**2**章

打造个性化的电脑操作环境

学习目标

本章将详细介绍如何打造个性化的电脑操作环境，包括桌面设置、显示设置、图标设置、自定义任务栏、登录选项的设置及虚拟桌面的创建方法等，帮助用户轻松定制出与众不同的操作系统界面，提升使用效率和舒适度。

学习效果

 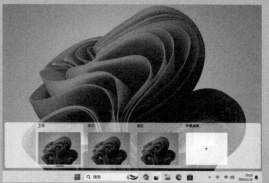

2.1 实战——桌面的个性化设置

桌面是用户打开电脑并登录Windows之后看到的主屏幕区域，用户可以对它进行个性化设置，让它看起来更漂亮、美观。

2.1.1 设置桌面背景

本小节主要介绍如何设置桌面背景。

步骤 01 在桌面的空白处右击，在弹出的菜单中单击【个性化】选项，如下图所示。

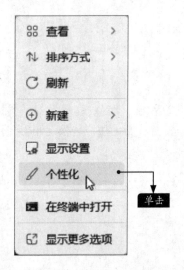

步骤 02 弹出【个性化】界面，单击【背景】选项，如下图所示。

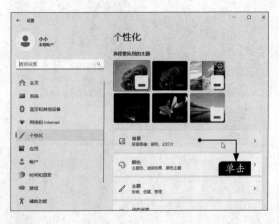

步骤 03 进入【背景】界面。在【最近使用的图像】区域中包含5张系统自带的图片，如右上图

所示，单击其中一张图片即可将其设置为桌面背景。

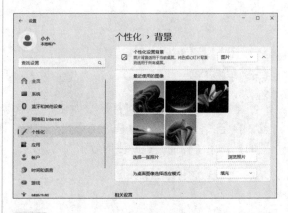

步骤 04 如果用户希望将自己喜欢的图片设置为桌面背景，可以将图片存储到电脑中，然后单击【背景】界面中的【浏览照片】按钮，在弹出的【打开】对话框中选择图片，再单击【选择图片】按钮，如下图所示。

步骤 05 用户可以将桌面背景设置为纯色。单击【个性化设置背景】右侧的下拉按钮，在弹出

的下拉列表中单击【纯色】选项，然后在【选择你的背景色】区域中单击喜欢的颜色即可，如下图所示。

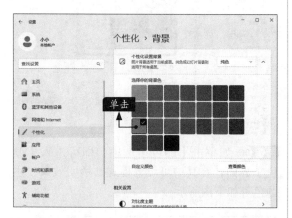

Windows 11还支持"幻灯片放映"和"Windows聚焦"背景模式。其中幻灯片放映是从自己的图片库中选择多张图片，并指定每张图片的播放时间，从而实现图片的循环播放，类似幻灯片放映的效果。而Windows聚焦模式会根据当前的时间和地点自动从必应搜索引擎下载并展示不同的高清壁纸。用户单击【个性化设置背景】右侧的下拉按钮，在弹出的下拉列表中选择要应用的模式即可，如右上图所示。

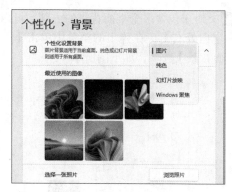

另外，如果用户仅是将某张图片设置为桌面背景，则无须打开【个性化▷背景】界面，只需右击该图片，在弹出的菜单中单击【设置为桌面背景】选项，如下图所示，或单击文件夹窗口功能选项区中的【设置为背景】按钮，即可将其快速设置为桌面背景。

2.1.2 为桌面应用主题

主题是桌面背景、窗口颜色、声音及鼠标指针的组合。Windows 11采用了新的主题方案，包括无边框设计的窗口、扁平化设计的图标等，更具现代感。本节主要介绍如何设置主题。

步骤 01 打开【个性化】界面，其中【选择要应用的主题】上方为当前主题的预览图，下方包含6个主题，如下图所示。

步骤 02 单击其中一个主题即可应用该主题，按【Windows+D】组合键显示桌面，可以看到应用的主题的效果，如下图所示。

步骤 ③ 对于包含多个桌面背景的主题，可以在桌面空白处右击，在弹出的菜单中单击【下一个桌面背景】选项，如下图所示。

单击后，桌面背景切换为下一张图片，效果如下图所示。

步骤 ④ 如果要对主题进行详细设置，可以在【个性化】界面中单击【主题】选项，如下图所示。

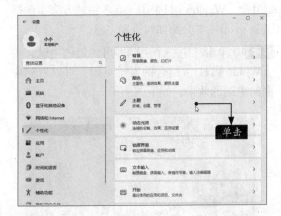

步骤 ⑤ 【主题】界面显示了当前主题，单击其中的【背景】【颜色】【声音】【鼠标光标】选项，可分别对相关内容进行自定义，如右上图所示。

步骤 ⑥ 如单击【颜色】选项，即可进入【颜色】界面，在其中可设置模式、透明效果、主题色等如下图所示。

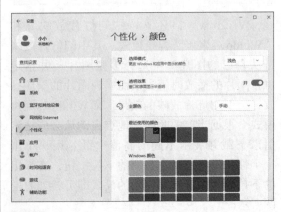

步骤 ⑦ 返回【主题】界面，单击【保存】按钮，在弹出的【保存主题】界面中输入主题名称，再单击【保存】按钮将自定义的主题保存，如下图所示。

另外，如果用户想要获得更多主题，可以从Microsoft Store中下载，具体操作方法如下。

步骤 ① 在【主题】界面中单击【从Microsoft Store获取更多主题】右侧的【浏览主题】按

钮，如下图所示。

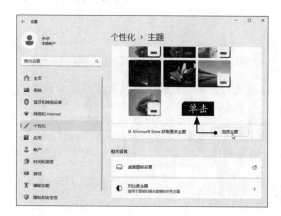

打开Microsoft Store，并自动进入【主题】界面，如下图所示。

小提示

要想在Microsoft Store中获取主题，需要登录Microsoft账户，账户的登录和设置可参考2.5节的内容。

步骤 02 选择一个主题，进入主题详情界面，单击【获取】按钮，如下图所示。

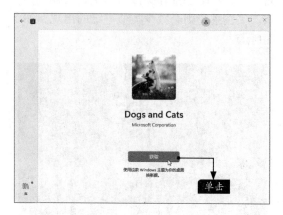

单击后该主题开始下载，界面中会显示下

载进度，如下图所示。

步骤 03 下载完成后，单击【打开】按钮，如下图所示。

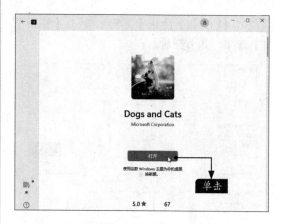

转到【主题】界面，新下载的主题显示在【当前主题】列表中，如下图所示。

步骤 04 单击新下载的主题，按【Windows+D】组合键显示桌面，即可看到应用后的效果，如下页图所示。

小提示

　　如果要卸载该主题，可以在【设置＞应用】界面中，单击【安装的应用】选项，在应用列表中选择该主题，并单击…按钮，在弹出的菜单中，选择【卸载】选项，根据提示进行卸载。具体内容参照6.5.1小节的操作方法。

2.1.3　设置锁屏界面

　　用户可以根据自己的喜好，设置锁屏界面的背景及在锁屏界面中显示详细状态的应用等，具体操作步骤如下。

步骤 01 打开【个性化】界面，单击【锁屏界面】选项，如下图所示。

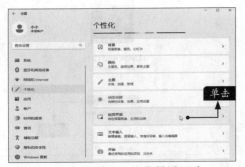

　　用户可以将锁屏界面的背景设置为Windows聚焦、图片或和幻灯片放映模式。若设置为Windows聚焦，系统会根据用户的使用习惯联网下载壁纸，并将其作为锁屏界面的背景；若设置为图片，用户可以将系统自带或电脑本地的图片设置为锁屏界面的背景；若设置为幻灯片放映，用户可以将自定义图片或相册设置为锁屏界面的背景，并以幻灯片形式展示。

步骤 02 选择【Windows聚焦】选项，如下图所示。

　　用户可以设置应用在锁屏界面上显示详细状态，以便获取日历安排、邮件及天气等通知，如下图所示。

步骤 03 按【Windows+L】组合键，打开锁屏界面，即可看到设置的背景。用户在锁屏界面右上角可以对锁屏壁纸进行评价：选择"我喜欢它！"，系统会推荐类似的壁纸；选择"不喜欢。"，系统则会减少类似壁纸的出现，如下图所示。

2.2 实战——电脑的显示设置

用户可以对电脑的显示进行个性化设置，本节讲解如何设置屏幕分辨率，放大屏幕上的文本、图像和应用等。

2.2.1 设置屏幕分辨率

电脑分辨率就是屏幕上显示的图像的清晰程度，由横向和纵向的像素点数决定。设置合适的分辨率能让图像更清晰，文字更易读，还能保护眼睛，避免视力疲劳。如果分辨率太低，图像会模糊，看起来不舒服；如果分辨率太高则可能导致电脑运行缓慢。所以选择适合自己屏幕大小的分辨率很重要。

步骤 01 在桌面空白处右击，在弹出的菜单中单击【显示设置】选项，如下图所示。

单击后即可打开【屏幕】界面，如下图所示。

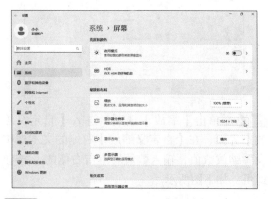

步骤 02 单击【显示器分辨率】右侧的下拉按钮，在弹出的列表中选择合适的分辨率，如右上图所示。

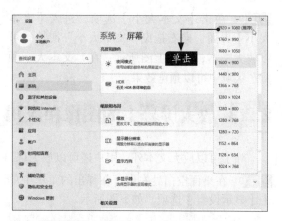

小提示

如果推荐的分辨率与当前显示器的尺寸或支持的分辨率不匹配，那么建议检查显卡驱动是否正确安装；初学者可以通过相关软件进行驱动的检测和安装。

步骤 03 此时弹出【是否保留这些显示器设置？】对话框，单击【保留更改】按钮即可完成更改，如下图所示。

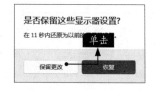

2.2.2 放大屏幕上的文本

使用电脑时，如果屏幕上显示的文本太小，可以放大文本，具体操作步骤如下。

步骤 01 按【Windows+U】组合键或在【设置】面板中单击【辅助功能】选项，打开【辅助功能】界面，如下图所示。

步骤 02 单击【文本大小】选项，进入【文本大小】界面，向右拖曳"文本大小"滑块，可以放大文本，如右上图所示，在"文本大小预览"区域中可以预览效果。

步骤 03 设置好文本大小后，单击右侧的【应用】按钮即可完成设置，如下图所示，此时系统中所有的文本均被放大。

2.2.3 放大屏幕上的图像和应用

除了可以放大文本外，用户还可以放大屏幕上的图像和应用等，具体操作步骤如下。

步骤 01 在桌面空白处右击，在弹出的菜单中单击【显示设置】选项，如下图所示。

步骤 02 打开【屏幕】界面，单击【缩放】右侧的下拉按钮，在弹出的列表中选择合适的缩放比例，如125%，如下图所示。

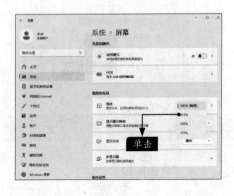

此时即可完成设置相应的项目就会被放大，如下图所示。

步骤 03 单击【缩放】选项，进入【自定义缩放】界面，在【自定义缩放】右侧的文本框中设置缩放数值，输入数值后单击右侧的 ✓ 按钮即可，如下图所示。

2.3 实战——桌面图标的设置

在Windows 11中，所有的文件、文件夹及应用程序都用形象化的图标表示。桌面上的图标被称为桌面图标，双击桌面图标可以快速打开相应的文件、文件夹或应用程序。本节将介绍桌面图标的设置。

2.3.1 添加桌面图标

为了方便使用，用户可以将常用文件、文件夹和应用程序的图标添加到桌面上。

1. 添加文件或文件夹的图标

添加文件或文件夹的图标的具体操作步骤如下。

步骤 01 右击需要添加到桌面上的文件或文件夹，在弹出的菜单中单击【显示更多选项】选项，如下图所示。

步骤 02 在弹出的菜单中单击【发送到】▶【桌面快捷方式】选项，如下图所示。

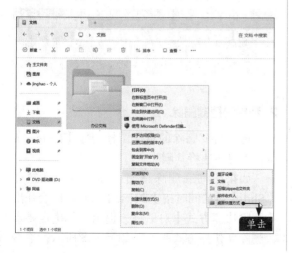

此文件或文件夹的图标就被添加到桌面上了，如下图所示。

2. 添加应用程序的图标

用户也可以将应用程序的图标添加到桌面上，具体操作步骤如下。

步骤 01 单击【开始】按钮▦，打开【开始】菜单，单击【所有应用】按钮，如下图所示。

步骤 02 右击要添加到桌面的应用程序的图标，在弹出的菜单中单击【更多】▶【打开文件位置】选项，如下页图所示。

步骤 03 在弹出的窗口中右击应用程序图标，在弹出的菜单中单击【显示更多选项】选项，如下图所示。

步骤 04 在弹出的菜单中单击【发送到】➢【桌面快捷方式】选项，如下图所示。

此应用程序的图标就被添加到桌面上了，如下图所示。

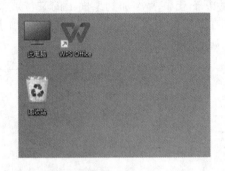

2.3.2 删除桌面图标

对于不常用的桌面图标，用户可以将其删除，这样有利于管理，同时可以使桌面看起来更整洁。

1. 使用【删除】按钮

在桌面上右击要删除的桌面图标，在弹出的菜单中单击【删除】按钮 🗑，即可将其删除，如下图所示。

> **小提示**
>
> 删除的图标会被放在【回收站】中，用户可以将其还原。

2. 利用快捷键删除

选中需要删除的桌面图标，按【Delete】键，即可快速将其删除。

如果想彻底删除桌面图标，可以在按住【Shift】键的同时按【Delete】键，此时会弹出【删除快捷方式】对话框，提示"你确定要永久删除此快捷方式吗？"如下页图所示，单击

【是】按钮即可将其彻底删除。

2.3.3 设置桌面图标的大小和排序方式

如果桌面上图标比较多，桌面会显得很乱，这时用户可以通过设置桌面图标的大小和排序方式来整理桌面。具体操作步骤如下。

步骤 01 在桌面空白处右击，在弹出的菜单中单击【查看】选项，在弹出的子菜单中有3种图标大小，即大图标、中等图标和小图标。本实例选择【中等图标】选项，如下图所示。

返回桌面，此时桌面图标以中等图标形式显示，如下图所示。

小提示

单击桌面的任意位置，按住【Ctrl】键，向上滚动鼠标滚轮，图标放大；向下滚动鼠标滚轮，图标缩小。

步骤 02 在桌面空白处右击，在弹出的菜单中单击【排序方式】选项，在弹出的子菜单中有4种排序方式，分别为名称、大小、项目类型和修改日期。本实例选择【名称】选项，如下图所示。

返回桌面，桌面图标已按名称进行排序，如下图所示。

步骤 **03** 在桌面空白处右击，在弹出的菜单中单击【查看】➤【自动排列图标】选项，如下图所示。

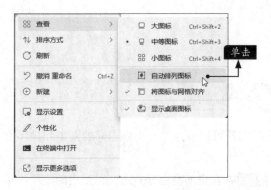

桌面图标将自动排列，且无法随意拖曳至桌面的其他空白位置，如下图所示。

步骤 **04** 在桌面空白处右击，在弹出的菜单中单击【查看】➤【显示桌面图标】选项，如下图所示。

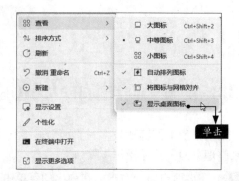

步骤 **05** 桌面将不显示任何图标，如下图所示。如需显示，再次单击【查看】➤【显示桌面图标】选项即可。

2.4 实战——自定义任务栏

在Windows 11中，用户掌握任务栏的自定义方法，可以提高操作电脑的效率。下面介绍任务栏的基本操作技巧。

2.4.1 设置任务栏靠左显示

在Windows 11中，默认情况下【开始】按钮和任务栏居中显示，如果用户喜欢靠左显示的方式，可以调整它们的位置，操作步骤如下。

步骤 **01** 在任务栏的空白处右击，在弹出的菜单中单击【任务栏设置】选项，如下页图所示。

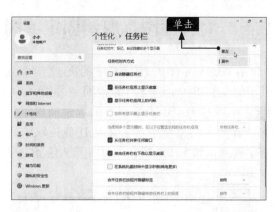

步骤 02 弹出【设置】面板，在【任务栏】界面中单击【任务栏行为】选项，如下图所示。

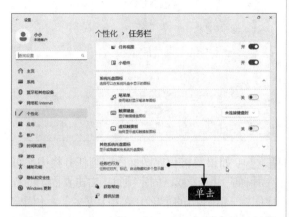

步骤 03 在展开的选项中，单击【任务栏对齐方式】右侧的下拉按钮，在弹出的下拉列表中单击【靠左】选项，如右上图所示。

步骤 04 单击后，【开始】按钮、【开始】菜单及任务栏都会靠左显示，如下图所示。

2.4.2 自动隐藏任务栏

默认情况下，任务栏位于桌面下方，为了保持桌面整洁，可以让任务栏自动隐藏。

步骤 01 打开【设置】面板，在【任务栏】界面中勾选【任务栏行为】区域中的【自动隐藏任务栏】复选框，如下图所示。

步骤 02 回到桌面，任务栏已自动隐藏，如右图

所示。将鼠标指针移到桌面底部，任务栏即会显示。若不对任务栏进行任何操作，任务栏即会隐藏。

2.4.3 将程序图标取消固定或固定到任务栏

在Windows 11中，任务栏中的快速启动区域包含多个程序图标，用户可以根据使用需求将不常使用的程序图标从任务栏中取消固定，也可以将常用的程序图标固定在任务栏中，方便快速启动。

步骤 01 在任务栏中右击要取消固定的程序图标，在弹出的菜单中单击【从任务栏取消固定】选项，如下图所示，即可将其从任务栏中取消固定。

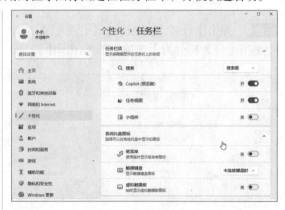

步骤 02 搜索、任务视图、小组件和Copilot的图标不可使用上述方法取消固定。如果要将其取消固定，可右击任务栏的空白处，在弹出的菜单中单击【任务栏设置】选项，如下图所示。

步骤 03 弹出【设置】面板，在【任务栏】界面中的【任务栏项】区域中，将要取消固定的图标的开关按钮设置为"关" ，如右上图所示。

步骤 04 如果要将程序图标固定到任务栏中，可在所有应用列表或已固定项目中右击要固定的程序图标，在弹出的菜单中单击【更多】➤【固定到任务栏】选项，如下图所示。

小提示

用户可以通过拖曳程序图标，调整其在任务栏中的位置。

2.4.4 自定义任务栏通知区域

通知区域位于任务栏的右侧，包含常用的图标，如网络、音量、输入法及日期和时间操作中心等。用户可以根据需要，自定义通知区域显示的图标和通知。

步骤 01 右击任务栏的空白处，在弹出的菜单中单击【任务栏设置】选项，如右图所示。

步骤02 弹出【设置】面板，在【任务栏】界面中单击【其他系统托盘图标】选项，如下图所示。

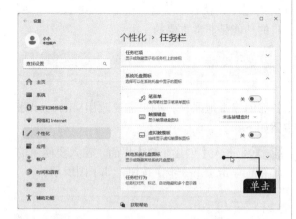

展开的列表中展示了已安装程序可显示的图标，如下图所示。

若程序图标右侧的开关按钮显示为"开" ，则其在任务栏中显示，如下图中的微信图标。若程序图标右侧的开关按钮显示为"关" ，则其会隐藏起来。

步骤03 例如将微信程序右侧按钮设置为关后，即会被隐藏，当单击【显示隐藏的图标】按钮 ，可以看到隐藏的微信图标，如下图所示。

步骤04 可以拖曳通知区域的图标到隐藏区域，如下图所示。也可以将隐藏区域的图标拖曳到通知区域。

2.5 实战——登录选项的设置

本节将详细介绍Windows 11登录选项的设置，包括认识Microsoft账户、注册并登录Microsoft账户等，以帮助用户保护个人隐私和数据安全。

2.5.1 认识Microsoft账户

在配置登录选项时，许多设置项需要与Microsoft账户相互配合。为了帮助用户更好地理解和操作，本小节将介绍Microsoft账户。

许多Microsoft服务都被集成在Windows 11中，但要想使用它们，首先需要有一个Microsoft账户。这个账户就像是一把万能钥匙，可以解锁微软的各种应用和服务，如Microsoft Edge、Office、Copilot、Microsoft Store、Outlook、OneDrive及必应等。一旦有了Microsoft账户，就可以登录系统并开始使用这些服务。而且，如果在多个Windows 11设备上使用同一个Microsoft账户，还可以同步设置和操作内容，无论在哪里，都可以同步该账户下的数据。

此外，当使用Microsoft账户登录本地计算机后，部分应用程序在启动时会默认使用这个账户。例如，如果想在Microsoft Store中购买并下载应用程序，就必须要有一个Microsoft账户。所以，拥有一个Microsoft账户对于充分利用Windows 11的功能是非常重要的。

2.5.2 注册并登录Microsoft账户

首次使用Windows 11时，系统会以计算机的名称创建本地账户，如果需要改用Microsoft账户，就需要注册并登录Microsoft账户，具体操作步骤如下。

步骤01 按【Windows】键打开【开始】菜单，单击账户头像，在弹出的菜单中单击【更改账户设置】选项，如下图所示。

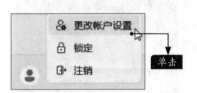

步骤02 进入【账户信息】界面，单击【改用Microsoft账户登录】超链接，如下图所示。

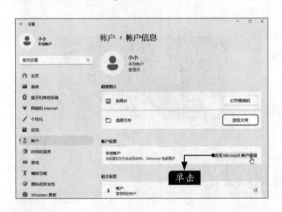

步骤03 弹出【Microsoft账户】对话框，如下图所示，输入Microsoft账户，单击【下一步】按钮。如果没有Microsoft账户，单击【创建一个!】超链接。这里单击【创建一个!】超链接。

步骤04 进入【创建账户】界面，输入要使用的邮箱，单击【下一步】按钮，如下图所示。

> **小提示**
>
> 用户也可以单击【改为使用电话号码】超链接，使用手机号创建账户；如果没有邮箱，则可单击【获取新的电子邮件地址】超链接，注册Outlook邮箱。

步骤05 进入【创建密码】界面，输入要使用的密码，单击【下一步】按钮，如下图所示。

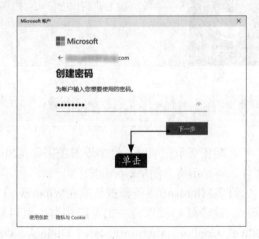

步骤 06 进入【你的名字是什么？】界面，设置【姓】和【名】，单击【下一步】按钮，如下图所示。

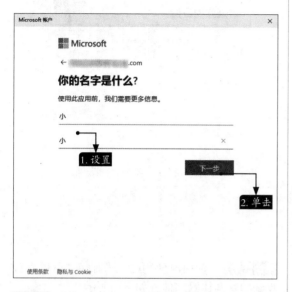

步骤 07 进入【你的出生日期是哪一天？】界面，设置国家/地区和出生日期，单击【下一步】按钮，如下图所示。

步骤 08 进入【验证电子邮件】界面，此时打开注册时使用的电子邮箱，查看收件箱中收到的Microsoft发来的安全代码，并将其输入【验证电子邮件】界面中的文本框中，单击【下一步】按钮，如右上图所示。

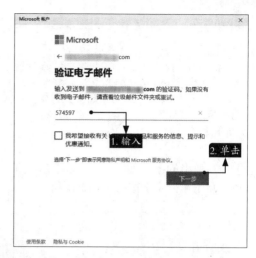

步骤 09 进入【使用Microsoft账户登录此计算机】界面，在文本框中输入当前系统的登录密码，如未设置密码，则不填写，直接单击【下一步】按钮，如下图所示。

步骤 10 完成账户的创建和登录，弹出【创建PIN】界面，如下图所示，单击【下一步】按钮。

小提示

　　Windows登录密码需要至少8位，且应包含字母和数字，而PIN是可以代替登录密码的一组字符，当用户登录Windows及其应用和服务时，系统会要求用户输入PIN，从而使登录更为便捷；如果用户不希望设置PIN，可直接单击界面右上角的【关闭】按钮。

步骤⑪ 在弹出的【设置PIN】界面中输入和确认PIN，单击【确定】按钮，如下图所示。

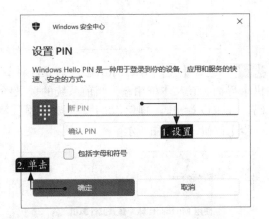

小提示

　　PIN最少为4位字符，如果要包含字母和符号，请勾选【包括字母和符号】复选框，Windows 11的PIN最多支持32位字符。

步骤⑫ 设置完成后，即可在【账户信息】界面看到登录的账户的信息。为了确保用户账户的使用安全，需要对注册时使用的邮箱或手机号进行验证，单击【验证】按钮，如下图所示。

步骤⑬ 弹出【验证你的身份】界面，选择电子邮件选项，如右上图所示。

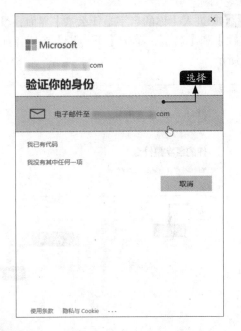

步骤⑭ 打开注册时使用的电子邮箱，即可查看收到的安全代码邮件，如下图所示。

步骤⑮ 进入【输入代码】界面，在文本框中输入安全代码，单击【验证】按钮，如下图所示。

步骤 ⑯ 返回【账户信息】界面，即可看到【验证】按钮已消失，表示已完成验证，如右图所示。

小提示

　　Microsoft 账户注册成功后，再次启动电脑时，需输入Microsoft账户的密码；进入桌面时，OneDrive 也会被激活。

2.5.3 设置账户头像

　　新注册的Microsoft账户默认没有设置头像，用户可以将喜欢的图片设置为账户头像，具体操作步骤如下。

步骤 ①① 在【账户信息】界面中单击【选择文件】右侧的【浏览文件】按钮，如下图所示。

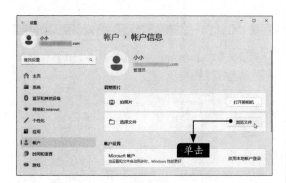

小提示

　　如果电脑支持摄像功能，可单击【打开照相机】按钮，通过拍照来设置账户头像。

步骤 ①② 弹出【打开】对话框，从电脑中选择要设置为头像的图片，单击【选择图片】按钮，如下图所示。

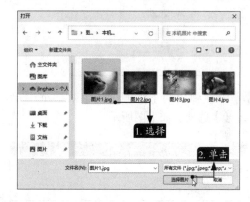

步骤 ①③ 返回【账户信息】界面，即可看到设置好的头像，如下图所示。

2.5.4 使用动态锁保护隐私

动态锁是Windows 11中的一种安全功能，通过电脑的蓝牙与其他蓝牙设备（如手机、手环）进行配对。当用户离开电脑时，带上已配对的蓝牙设备并走出电脑蓝牙覆盖范围约1分钟后，电脑将自动锁定，以保护电脑免受未经授权的访问。

步骤 01 确保电脑支持蓝牙功能，并打开其他设备的蓝牙功能。在【设置】面板中选择【设备】➤【蓝牙和其他设备】选项，先将【蓝牙】右侧的开关按钮设置为"开"，然后单击【添加设备】按钮，如下图所示。

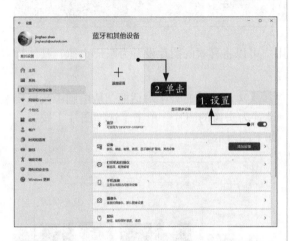

步骤 02 在弹出的【添加设备】对话框中单击【蓝牙】选项，如下图所示。

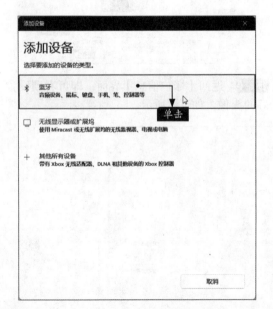

步骤 03 在可连接的设备列表中选择要连接的设备，如右上图所示。

小提示

如果无法扫描到需要的蓝牙设备，请确保该设备蓝牙功能的设置为"开"，如下图所示。

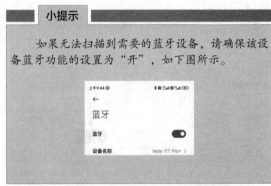

步骤 04 在弹出匹配信息时，单击【连接】按钮，如下图所示。

步骤 05 在设备中点击【配对】按钮，即可进行连接，如下图所示。

步骤 06 如果提示"你的设备已准备就绪！"，则单击【已完成】按钮，如下图所示。

步骤 07 返回到【蓝牙和其他设备】界面，可以看到设备已连接，如下图所示。

步骤 08 选择【账户】➤【登录选项】选项，在【动态锁】区域中勾选【允许 Windows 在你离开时自动锁定设备】复选框即可完成设置，如下图所示。此时，当用户带着蓝牙设备走出蓝牙覆盖范围后不久，Windows系统便可以通过已与电脑配对的蓝牙设备自动锁定电脑。

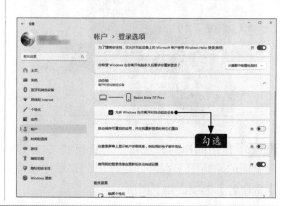

 小提示

如果用户的笔记本电脑支持面部识别和指纹功能，还可以在【登录选项】中根据提示录入面部信息和指纹信息，从而启用这些功能，这里不详细说明。

2.6 多任务互不干扰的虚拟桌面

虚拟桌面允许用户创建多个传统桌面环境，从而提供更大的桌面使用空间。通过这个功能，用户可以在不同的虚拟桌面中放置不同的窗口，让工作、娱乐等各种应用程序更加有序地展示，这不仅提高了工作效率，还让桌面看起来更加整洁美观。

步骤 01 单击任务栏中的【任务视图】按钮 或按【Windows+Tab】组合键，即可显示当前桌面环境中的窗口，可单击不同的窗口进行切换。如果要创建虚拟桌面，就单击【新建桌面】选项，如下页图所示。

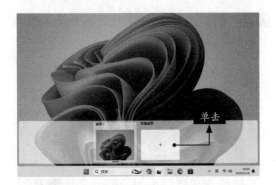

步骤02 新建一个名为"桌面2"的虚拟桌面，如下图所示。

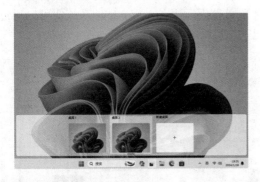

步骤03 使用同样的方法建立"桌面3"，在虚拟桌面的缩略图上右击，在弹出的菜单中单击【重命名】选项，如下图所示。

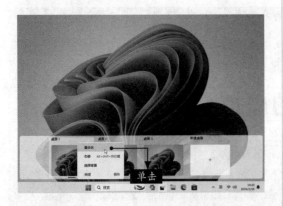

步骤04 单击后可以对虚拟桌面进行命名，如下图所示。

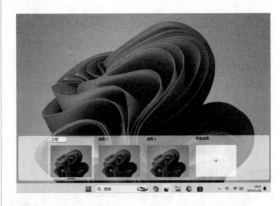

步骤05 使用同样的方法为其他虚拟桌面命名，效果如下图所示。

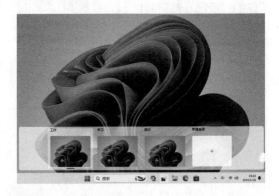

步骤06 单击任意虚拟桌面的缩略图即可进入该虚拟桌面，可在其中打开一些窗口，如下图所示。

步骤07 按【Windows+Tab】组合键或单击【任务视图】按钮，打开任务视图，可以看到当前虚拟桌面中打开的窗口，其余虚拟桌面还是空白的，如下页图所示。

步骤 08 虚拟桌面之间并不冲突，可以将任意一个虚拟桌面中的窗口移动到另外一个虚拟桌面中。右击要移动的窗口，在弹出的菜单中单击【移动到】选项，然后在弹出的子菜单中单击要移动到的虚拟桌面，此处单击【工作】，如下图所示。

小提示

用户也可以将要移动的窗口拖曳至其他虚拟桌面。

步骤 09 单击后即可将该窗口移动到【工作】虚拟桌面，如下图所示，可以按【Windows+Ctrl+左/右方向】组合键快速切换虚拟桌面。

步骤 10 如果要关闭虚拟桌面，单击虚拟桌面列表右上角的【关闭】按钮即可，如下图所示，也可以在需要关闭的虚拟桌面中按【Windows+Ctrl+F4】组合键。

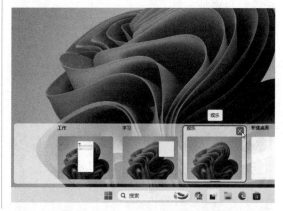

 高手私房菜

技巧1：关闭搜索框中的内容推荐和热门搜索

在Windows 11中，默认情况下，任务栏中的搜索框的右侧往往显示搜索要点图标，如下图所示，它可以根据用户的搜索历史和偏好，提供个性化的内容推荐以及新闻资讯等，单击该图标即可打开搜索栏进行查看。如果不希望显示该信息，可以将其关闭，具体步骤如下。

搜索要点图标

步骤 **01** 按【Windows+I】组合键，打开【设置】面板，单击【隐私和安全性】➤【搜索权限】选项，如下图所示。

步骤 **02** 将【显示搜索要点】设置为"关"，如下图所示，搜索框和搜索栏中将不再显示搜索要点推荐等。

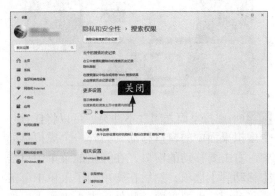

技巧2：轻松设置Windows 11自动锁定屏幕

在Windows 11中，可以设置自动锁定屏幕功能，以确保电脑在无人值守时能够自动锁定，保护隐私和数据安全。

步骤 **01** 按【Windows+I】组合键，打开【设置】面板，在搜索框中输入"电源"，在弹出的结果列表中单击"选择节能睡眠设置"，如下图所示。

<small>小提示</small>

　　Windows 11的搜索功能与手机中的设置搜索功能相仿，它根据用户输入的关键词和指令，迅速引导用户找到特定的设置选项。这种搜索方式十分便捷，可以帮助用户快速找到所需设置，提高操作效率。

步骤 **02** 进入【系统＞电源】界面，单击【屏幕和睡眠】右侧的按钮，可以设置"插入电源

时，闲置以下时间后关闭屏幕"的时间，如下图所示。设置后，当对电脑无任何操作的时长达到设置的时长时，电会自动关闭屏幕。当再次使用电脑时，需要进行登录验证。

<small>小提示</small>

　　用户可以在【账户＞登录选项】界面中，设置是否需要重新登录。在【其他设置】区域中，如果设置为【从睡眠中唤醒电脑时】，则需要登录验证；如果设置为【从不】，则无须进行登录验证，如下图所示。

第**3**章

管理电脑文件和文件夹

学习目标

　　文件和文件夹是Windows 11的重要组成部分。用户只有掌握好管理文件和文件夹的基本操作，才能更好地运用Windows 11进行工作和学习。本章主要介绍文件和文件夹的管理、认识文件和文件夹、文件和文件夹的基本操作等内容。

学习效果

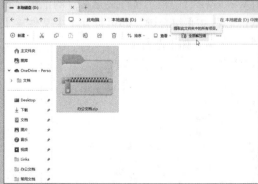

3.1 实战——文件和文件夹的管理

Windows 11的【此电脑】窗口中包含电脑中基本硬件资源的图标，通过该窗口，用户可以进行浏览、存储、复制及删除文件等操作。

3.1.1 此电脑

【此电脑】是Windows 11的资源管理器，用于查看电脑的所有资源，通过它的树形文件系统结构，用户可以访问电脑中的文件和文件夹。为了便于管理，文件可按性质或大小分盘存放。

通常情况下，建议将硬盘划分为3个区：C盘、D盘和E盘。3个盘的功能分别如下。

（1）C盘主要用来存放系统文件。所谓系统文件，是指操作系统和应用软件的系统操作部分，系统文件一般情况下都会被存放在C盘中。

（2）D盘主要用来存放应用软件文件。对于软件的安装，有以下常见原则。

① 对于小的软件，如RAR压缩软件等，可以安装在C盘。

② 对于大的软件，如Photoshop，建议安装在D盘。

> **小提示**
>
> 几乎所有软件默认的安装路径都在C盘中，电脑用得越久，C盘被占用的空间越多，随着时间的增加，系统的运行速度会越来越慢，所以安装软件时，需要根据具体情况选择安装路径。

（3）E盘用来存放用户的个人文件，如电影、图片和文字资料等。如果硬盘还有多余的空间，可以添加更多分区。

3.1.2 主文件夹

在Windows 11中，主文件夹是文件的汇聚方式，单击任务栏中的【文件资源管理器】图标或按【Windows+E】组合键，即可打开【主文件夹】窗口，其中包含快速访问、收藏夹和最近使用的文件3个区域，如下图所示。

【快速访问】区域显示了用户常用的文件夹。右击某个文件夹，在弹出的菜单中选择

【固定到快速访问】选项，即可将其添加到【快速访问】区域中，如下图所示。

【收藏夹】则主要用于存放用户经常使用或重要的文件，类似于书签功能。用户可以把任何想要重复访问的文件添加到收藏夹中，以便日后能够更快地找到并打开它们。右击某个文件，在弹出的菜单中选择【添加到收藏夹】选项，即可将其添加到收藏夹中，如下图所示。

【最近使用的文件】是一个方便用户快速访问最近打开过的文件的功能。默认情况下，文件资源管理器会在其中陈列用户最近使用过的文件，使用户能够迅速找到并重新打开最近使用过的工作文件。右击其中的某个文件，在弹出的菜单中选择【打开文件所在的位置】选项，可以查看其所在的位置，如下图所示。在弹出的菜单中还可执行删除操作。

3.2 认识文件和文件夹

在Windows 11中，文件是最小的数据组织单位。文件可以包含文本、图像和数据等信息。硬盘是大容量存储设备，可以存储很多文件。为了便于管理，我们可以把文件存放在文件夹和子文件夹中。

3.2.1 文件

文件是Windows存取磁盘信息的基本单位，一个文件是磁盘上存储的信息的一个集合，这些信息可以是文字、图片、影片或应用程序等。每个文件都有自己的名称，Windows 11正是通过文件的名称来对文件进行管理的。

Windows 11与DOS最显著的差别就是Windows 11支持长文件名，甚至允许文件和文件夹名称中有空格。在Windows 11中，默认情况下系统会自动按照类型显示和查找文件。有时为了方便查找和转换，也可以显示文件的扩展名。

1. 文件名的组成

在Windows 11中，文件名由基本名和扩展名构成，基本名是文件的主要标识，而扩展名则表示文件的类型，它们之间用"."隔开。例如，文件"tupian.jpg"的基本名是"tupian"，扩展名是"jpg"，文件"员工考勤表.xlsx"的基本名是"员工考勤表"，扩展名是"xlsx"。

扩展名是Windows 11识别文件的重要方法，了解常见的扩展名对于学习如何管理文件有很大的帮助。

小提示

文件可以只有基本名，没有扩展名；但不能只有扩展名，没有基本名。

---

2. 显示文件扩展名

在Windows 11中，默认情况下文件的扩展名是不显示的，如果希望显示文件的扩展名，可以执行如下操作。

打开任意文件夹窗口，单击【查看】按钮，在弹出的菜单中单击【显示】➤【文件扩展名】选项，如下图所示。

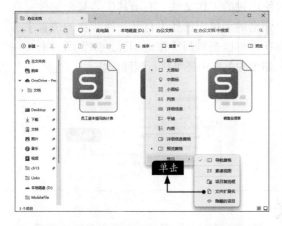

文件的扩展名就会显示出来，如下图所示。

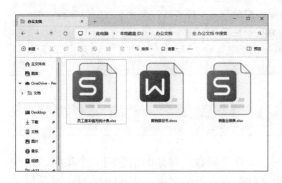

3. 文件的命名规则

文件的命名有以下规则。

（1）文件名称长度最多可达256个字符，1个汉字相当于2个字符。

文件名中不能出现这些字符：斜线（\、/）、竖线（|）、小于号（<）、大于号（>）、冒号（：）、英文引号（"）、问号（？）、星号（*），如下图所示。

文件名不能包含下列任何字符:
\/:*?"<>|

小提示

不能出现的字符在系统中有特殊含义。

（2）文件名称不区分大小写，如"abc.txt"和"ABC.txt"是同一个文件名。

（3）同一个文件夹下相同类型的文件的名称不能相同。

4. 文件地址

文件地址由"盘符"和"文件夹"组成，它们之间用"＞"隔开，其中后一个文件夹是前一个文件夹的子文件夹。例如下图中的文件地址显示为 □ ＞ 此电脑 ＞ 本地磁盘(D:) ＞ 办公 ＞ 会议纪要，表示文件存储于D盘下的"办公"文件夹下的"会议纪要"子文件夹中。

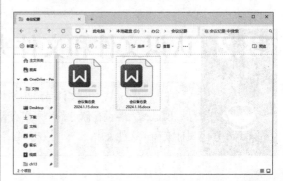

其中"本地磁盘（D：）"指D盘，其卷标名称为"本地磁盘"，"会议纪要"文件夹是"办公"文件夹的子文件夹。通常在地址栏中，可以用"\"将各文件夹隔开。当在地址栏中输入"\"后，系统会显示当前路径下的所有文件夹和文件列表，以便用户快速打开所需文件或文件夹，如下图所示。

5. 文件图标

在Windows 11中，文件的图标和扩展名表示文件的类型，并且文件的图标和扩展名之间有一定的对应关系，看到文件的图标，知道文件的扩展名，就能判断出文件的类型。例如文本文件中扩展名为"docx"的文件的图标为 ，图片文件中扩展名为"jpeg"的文件的图标为 ，压缩文件中扩展名为"rar"的文件的图标为 ，视频文件中扩展名为"avi"的文件的图标为 。

小提示

不同文件设置的默认打开软件不同，其图标样式也会有所不同。

6. 文件大小

查看文件的大小有以下两种方法。

方法1：打开包含要查看文件的文件夹，单击窗口右下角的 ≡ 按钮，如下图所示，在大小详细信息列表中可以查看文件的大小。

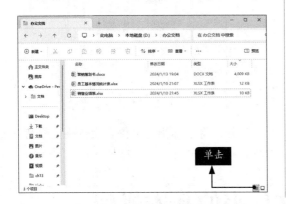

方法2：右击要查看大小的文件，在弹出的菜单中单击【属性】选项，或按【Alt+Enter】组合键，即可在打开的【属性】对话框中查看文件的大小，如下图所示。

小提示

文件的大小以B（字节）、KB（千字节）、MB（兆字节）和GB（吉字节）为单位，1B（1个字节）能存储1个英文字符，1个汉字占2个字节。

3.2.2 文件夹

文件夹，通俗来说，就像是我们实际生活中使用的文件夹或盒子，用于分类存放各种文件。在电脑上，文件夹是一种数据结构，用来组织和管理磁盘上的文件，可以把它理解为一个独立的路径目录，这个"路径目录"就叫作"文件夹"。

文件夹和文件的主要区别在于，文件是包含具体数据和信息的数据实体，如文本文档、图片、程序等；而文件夹则是用来归置这些文件的容器，主要用于分类和组织文件。从功能上来看，文件支持编辑内容、删除内容等操作，而文件夹则提供指向对应磁盘空间的地址。

1. 文件夹的命名规则

在Windows 11中，文件夹的命名有以下规则。

（1）文件夹名称长度最多可达256个字符，1个汉字相当于2个字符。

文件夹名称中不能出现这些字符：斜线（\、/）、竖线（|）、小于号（<）、大于号（>）、冒号（：）、英文引号（"）、问号（？）、星号（*）。

（2）文件夹名称不区分大小写，如"abc"和"ABC"是同一个文件夹名称。

（3）文件夹通常没有扩展名。

（4）同一个文件夹的子文件夹不能同名。

2. 选择文件或文件夹

选择文件或文件夹有以下方法。

（1）单击即可选择一个文件或文件夹。

（2）单击功能选项区中的【查看更多】按钮⋯，在弹出的菜单中单击【全部选择】选项，如下图所示，或按【Ctrl+A】组合键，即可选择当前文件夹中的所有对象。

（3）选择一个对象，按住【Ctrl】键，同时单击其他对象，可以选择不连续的多个对象。

（4）选择第一个对象，按住【Shift】键并单击最后一个对象，或拖曳鼠标指针绘制矩形框，可以选择连续的多个对象。

3. 文件夹大小

文件夹大小的单位与文件大小的单位相同，通常使用【属性】对话框来查看文件夹的大小。右击要查看的文件夹，在弹出的菜单中单击【属性】选项，在弹出的【属性】对话框中即可查看文件夹的大小，如下图所示。

另外，将鼠标指针悬停在文件夹上等待一两秒，就会显示该文件夹的大小。

3.3 实战——文件和文件夹的基本操作

本节主要介绍文件和文件夹的基本操作方法。

3.3.1 打开和关闭文件或文件夹

对文件或文件夹进行的最多的操作就是打开和关闭，下面介绍打开和关闭文件或文件夹的常用方法。

（1）双击要打开的文件或文件夹。

（2）右击要打开的文件或文件夹，在弹出的菜单中单击【打开】选项。

（3）利用【打开方式】打开，具体操作步骤如下。

步骤 01 右击要打开的文件，在弹出的菜单中单击【打开方式】选项，在其子菜单中选择相应的软件，这里选择用【WPS Office】打开工作簿文件，如下页图所示。

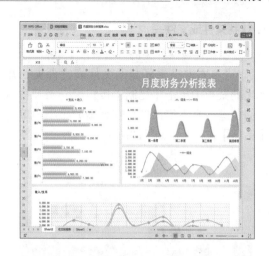

步骤 02 WPS Office将自动打开选择的工作簿文件，如右图所示。

3.3.2 修改文件或文件夹的名称

新建的文件或文件夹都有一个默认的名称，用户可以根据需要重新命名新建的或已有的文件或文件夹。

修改文件名称和修改文件夹名称的操作类似，主要有3种方法。

1. 功能选项区

选择要重新命名的文件或文件夹，单击功能选项区中的【重命名】按钮，如下图所示，文件或文件夹的名称即变为可编辑状态，输入新的名称，按【Enter】键确认。

2. 右键菜单

右击要重新命名的文件或文件夹，在弹出的菜单中单击【重命名】按钮，如右上图所示，文件或文件夹的名称即变为可编辑状态，

输入新的名称，按【Enter】键确认。

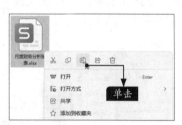

3. 快捷键F2

选择要重新命名的文件或文件夹，按【F2】键，文件或文件夹的名称即变为可编辑状态，输入新的名称，按【Enter】键确认。

> **小提示**
>
> 在重命名文件时，不能改变文件的扩展名，否则可能会导致文件不可用，更改文件扩展名时的提示如下图所示。

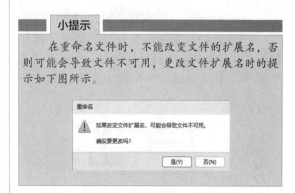

3.3.3 复制和移动文件或文件夹

本小节介绍对文件或文件夹进行复制或移动操作的方法。

1. 复制文件或文件夹

复制文件或文件夹的方法有以下4种。

（1）右击需要复制的文件或文件夹，在弹出的菜单中单击【复制】按钮 。来到目标存储位置，右击空白处，在弹出的菜单中单击【粘贴】按钮 ，如下图所示。

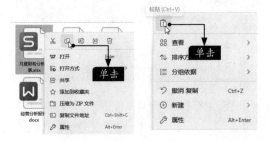

（2）选择要复制的文件或文件夹，如果目标位置与原始位置在不同的分区，直接拖曳文件或文件夹即可复制，如下图所示；如果在同一个分区，选择要复制的文件或文件夹，按住【Ctrl】键并将其拖曳到目标位置。

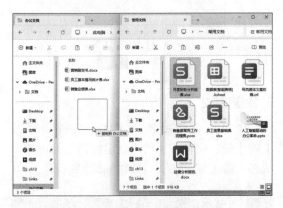

（3）选择要复制的文件或文件夹，按住鼠标右键并将其拖曳到目标位置，在弹出的菜单中单击【复制到当前位置】选项，如下图所示。

（4）选择要复制的文件或文件夹，按【Ctrl+C】组合键，然后在目标位置按【Ctrl+V】组合键。

2. 移动文件或文件夹

移动文件或文件夹的方法有以下4种。

（1）右击需要移动的文件或文件夹，在弹出的菜单中单击【剪切】按钮 ，此时文件或文件夹反蓝显示。来到目标存储位置，右击空白处，在弹出的菜单中单击【粘贴】按钮 ，如下图所示。

（2）选择要移动的文件或文件夹，如果目标位置与原始位置在同一分区，直接将其拖曳到目标位置，这也是最简单的一种方法，如下图所示。

（3）选择要移动的文件或文件夹，如果目标位置与原始位置在不同的分区，按住【Shift】键并将其拖曳到目标位置。

（4）选择要移动的文件或文件夹，按【Ctrl+X】组合键执行【剪切】命令，然后在目标位置按【Ctrl+V】组合键执行【粘贴】命令。

3.3.4 隐藏和显示文件或文件夹

隐藏文件或文件夹可以增强文件的安全性，同时可以防止误操作导致文件或文件夹丢失。隐藏和显示文件或文件夹的操作类似，本节仅以隐藏和显示文件为例进行介绍。

1. 隐藏文件

隐藏文件的操作步骤如下。

步骤 01 右击需要隐藏的文件，在弹出的菜单中单击【属性】选项，如下图所示。

步骤 02 弹出【属性】对话框，选择【常规】选项卡，然后勾选【隐藏】复选框，如下图所示，单击【确定】按钮。

该文件即会被隐藏，如下图所示。

2. 显示文件

文件被隐藏后，用户要想调出该文件，可进行如下操作。

步骤 01 在文件夹窗口中单击【查看】按钮，在弹出的下拉列表中单击【显示】▶【隐藏的项目】选项，如下图所示。

被隐藏的文件即会显示出来，且颜色偏浅，如下图所示。

步骤 02 右击该文件，弹出【属性】对话框，单击【常规】选项卡，然后取消勾选【隐藏】复选框，单击【确定】按钮，如下图所示。

3.3.5 压缩和解压缩文件或文件夹

对于特别大的文件或文件夹，用户可以对其进行压缩操作。经过压缩的文件或文件夹将占用更少的磁盘空间，有利于存储，且能更快速地传输到其他电脑上，以实现共享。用户可以利用Windows 11自带的压缩软件，对文件或文件夹进行压缩和解压缩操作。下面以文件夹为例进行介绍，具体的操作步骤如下。

步骤 01 右击需要压缩的文件夹，在弹出的菜单中单击【压缩为ZIP文件】选项，如下图所示。

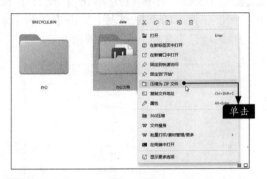

步骤 02 弹出【正在压缩】对话框，以绿色进度条的形式显示压缩的进度，如下图所示。

步骤 03 压缩完成后，窗口中多了一个和原文件夹基本名相同的压缩文件，并且文件名称处于可编辑状态，此时可以重命名压缩文件，如下图所示。

步骤 04 如果要将其他文件或文件夹添加至该压缩文件内，将其拖曳至该压缩文件图标上即可，如下图所示。

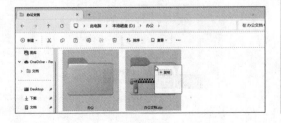

步骤 05 双击压缩文件即可打开并查看该压缩文件，如下图所示。

步骤 06 如果要将压缩文件中的文件或文件夹解压缩到电脑中，将其直接拖曳至目标文件夹中即可，如下图所示。

步骤 07 如果要全部解压缩，可以单击功能选项区中的【全部解压缩】按钮，如下图所示。

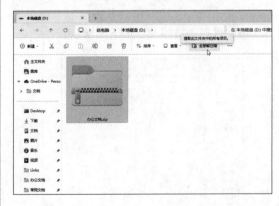

步骤 08 弹出【提取压缩（Zipped）文件夹】对话框，单击【浏览】按钮，如右图所示，选择要提取到的目标文件夹，然后单击【提取】按钮即可。

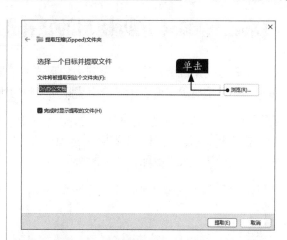

小提示

如果压缩文件是RAR、7Z等格式，需要安装其他解压缩软件，进行特定格式文件的解压缩。

高手私房菜

技巧1：设置文件资源管理器默认打开【此电脑】窗口

在Windows 11中，用户单击任务栏中的【文件资源管理器】图标■或按【Windows+E】组合键，默认打开的是【快速访问】窗口。如果用户希望将其改为【此电脑】窗口，可以进行以下操作。

步骤 01 打开任意文件夹窗口，单击【查看更多】按钮…，在弹出的菜单中单击【选项】选项，如下图所示。

步骤 02 在打开的【文件夹选项】对话框中，单击【打开文件资源管理器时打开：】右侧的下拉按钮，在弹出的下拉列表中选择【此电脑】选项，然后单击【确定】按钮，如右上图所示。

步骤 03 单击【文件资源管理器】图标或按【Windows+E】组合键，打开的即为【此电脑】窗口，如下图所示。

技巧2：清除【最近使用的文件】中的历史记录

【最近使用的文件】中会以列表的形式显示最近使用的文件的记录，最多显示20条，如果不希望某条记录显示在列表中或希望清除列表中的所有记录，可进行以下操作。

步骤01 右击要清除的某条记录，在弹出的菜单中单击【从"最近使用"中删除】选项，即可将该条记录从列表中删除，如下图所示。

步骤02 也可以使用【Ctrl】或【Shift】键，一次选择多条记录并右击，在弹出的菜单中单击【从"最近使用"中删除】选项，如下图所示。

步骤03 如果希望清除所有历史记录，可以单击【查看更多】按钮…，在弹出的菜单中单击【选项】选项，如下图所示。

步骤04 打开【文件夹选项】对话框，在【常规】选项卡下，单击【隐私】区域中的【清除】按钮，如下图所示。

【最近使用的文件】列表被清空，如下图所示。

第 **4** 章

轻松学会打字

学习目标

　　学会打字是使用电脑的重要一步。对于英文，只要按键盘上的字符键就可以直接输入。而汉字不能像英文那样直接输入电脑中，需要使用英文字母和数字进行编码。本章主要介绍正确的指法、输入法的管理、拼音打字以及陌生字的输入方法。

学习效果

4.1 实战——正确的指法

要在电脑中输入文字或操作命令，通常需要使用键盘。使用键盘时，为了防止由于坐姿不对造成身体疲劳，以及指法不对造成手臂损伤，用户一定要了解正确的坐姿并掌握击键的方法，劳逸结合。本节介绍正确的指法。

4.1.1 基准键位

为了便于连续输入，在没有击键时，手指可放在键盘的中央位置，也就是基准键位上，这样无论是敲击上方的按键还是下方的按键，都可以快速击键并返回。

基准键位于主键盘区，是打字时确定其他键位的标准，键盘中有8个按键被规定为基准键，从左到右依次为A、S、D、F、J、K、L、"；"，如下图所示。在敲击按键前，手指要虚放在基准键上，注意不要按下按键。

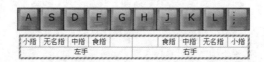

> **小提示**
>
> 基准键共有8个，其中F键和J键上都有一个凸起的小横杠，用于盲打时让手指通过触觉定位；另外，两手的大拇指要放在空格键上。

4.1.2 手指的正确分工

指法是指按键的手指分工。键盘的排列是根据字母在英文中出现的频率而精心设计的，正确的指法可以提高手指击键的速度以及输入的准确率，同时也可以减慢手指疲劳的速度。

在敲击按键时，每个手指要负责所对应的基准键周围的按键，左右手负责的按键的具体分配情况如下图所示。

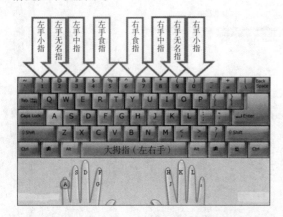

十指具体负责的键位说明如下。

（1）左手

食指负责4、5、R、T、F、G、V、B8个键；中指负责3、E、D、C4个键；无名指负责2、W、S、X4个键；小指负责1、Q、A、Z及其左边所有的键。

（2）右手

食指负责6、7、Y、U、H、J、N、M8个键；中指负责8、I、K、"，"4个键，无名指负责9、O、L、"。"4个键；小指负责0、P、"；" "/"及其右边的所有键。

此外，双手的大拇指用来敲击空格键。

4.1.3 正确的打字姿势

用户使用键盘进行编辑操作时，应保持正确的姿势，以提高打字速度。正确的打字姿势如下图所示，具体要求如下。

（1）座椅高度合适，坐姿端正自然，保持肩膀自然下垂，两脚平放，全身放松，上身挺直并稍微前倾。

（2）眼睛距显示器30~40cm，并让视线与显示器保持15°~20°的角度。

（3）两肘贴近身体，下臂和手腕向上倾斜，与键盘保持相同的倾斜角度；手指略弯曲，指尖轻放在基准键位上，左右手的大拇指轻放在空格键上。

（4）大腿平直，与小腿之间的角度为90°。

（5）按键时，手抬起，伸出要按键的手指按键，按键要轻巧，用力要均匀。

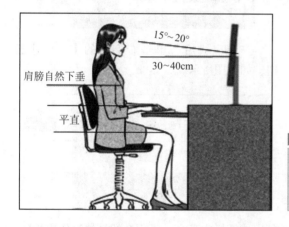

4.1.4 击键方法

了解指法规则及打字姿势后即可进行输入操作。击键时要按照指法规则，10根手指各司其职，采用正确的击键方法，具体如下。

（1）击键前，除大拇指外的8根手指要放置在基准键上，指关节自然弯曲，手指的第一关节与键面垂直，手腕要平直，手臂保持不动。

（2）击键时，用各手指的指腹击键。以与键面垂直的方向，向按键用力，并立即弹起，力度要适中，做到稳、准、快，不拖拉犹豫。

（3）击键后，手指立即回到基准键上，为下一次击键做准备。

（4）不击键的手指不要离开基准键位。

（5）需要同时击两个键时，若两个键分别位于左右手区，则由左右手各击对应的键。

（6）击键时，单手操作是很多初学者的习惯，在打字初期一定要克服这个毛病，进行双手操作。

4.2 实战——输入法的管理

本节主要介绍安装输入法软件、输入法的切换、添加键盘语言、添加和删除输入选项及设置默认输入法等内容。

4.2.1 安装输入法软件

Windows 11自带微软拼音输入法，但其不一定能满足用户的需求。用户可以自行安装其他输入法软件。安装输入法软件前，用户需要先从官网下载安装文件。

下面以搜狗拼音输入法为例，讲解安装输入法软件的一般方法。

双击下载的安装文件，即可启动安装向导，勾选【已阅读并接受用户协议&隐私政策】复选框，单击【立即安装】按钮，如下图所示。

此时软件即会自动安装，如下图所示。

安装完成后，单击右上角的【关闭】按钮，如下图所示。

4.2.2 输入法的切换

在输入文本时，经常需要使用不同的输入法软件，或切换中英文，下面介绍具体操作方法。

1. 输入法软件的切换

按【Windows+空格】组合键，可以快速切换输入法软件。另外，单击桌面右下角通知区域的输入法图标拼，在弹出的菜单中单击，也可完成切换，如下图所示。

2. 中英文的切换

输入法主要分为中文模式和英文模式，可按【Shift】键或【Ctrl+空格】组合键切换中英文模式，如果用户使用的是中文模式，按【Shift】键可切换至英文模式，再按【Shift】键又会恢复成中文模式，如下图所示。

4.2.3 添加键盘语言

如果经常需要使用不同的语言，可以根据需求在键盘布局中添加语言，下面以添加英文为例，具体操作步骤如下。

步骤01 单击任务栏中的输入法图标，在弹出的菜单中单击【更多键盘设置】选项，如下图所示。

步骤02 进入【语言和区域】界面，单击【首选语言】右侧的【添加语言】按钮，如下图所示。

步骤03 弹出【选择要安装的语言】界面，搜索并选择要安装的语言，然后单击【下一页】按钮，如下图所示。

步骤04 进入【安装语言功能】界面，勾选要安装的语言功能，然后单击【安装】按钮，如下

图所示。

> **小提示**
>
> 当勾选【设置为我的Windows显示语言】复选框时，系统界面、菜单、对话框和其他文本内容将自动切换为该语言。

安装完成后，【语言和区域】界面会显示添加的语言选项，如下图所示。

步骤05 单击语言右侧的 ··· 按钮，在弹出的菜单中，可以设置语言的使用顺序，如下图所示，也可以通过拖曳方式调整其顺序。

4.2.4　添加和删除输入选项

用户可以根据自身需求自由添加或删除输入选项，以适应不同文本的输入需求，提高输入效率和准确性。下面以中文的输入选项设置为例进行介绍。

步骤01 单击【中文（简体，中国）】右侧的⋯按钮，在弹出的菜单中单击【语言选项】选项，如下图所示。

步骤02 进入【选项】界面，单击【键盘】区域中的【已安装的键盘】右侧的【添加键盘】按钮，如下图所示。

步骤03 弹出电脑中已安装的输入法列表，选择要添加的输入法选项，如右上图所示。

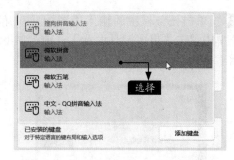

单击后，该输入法即被添加到【键盘】区域中，如下图所示。

步骤04 单击输入法名称右侧的⋯按钮，在弹出的菜单中，单击【删除】选项可以将其从列表中删除，如下图所示。

小提示

用户在执行添加和删除操作时，可以根据需求调整输入法在列表中的显示顺序，以便在输入文字时快速切换至某一输入法。

4.2.5　设置默认输入法

默认输入法在系统启动时会自动加载，无须用户手动选择，从而减少了切换输入法的麻烦，设置默认输入法的具体步骤如下。

步骤 01 按【Windows+I】组合键，打开【设置】面板，单击【时间和语言】➤【输入】选项，如下图所示。

步骤 02 进入【输入】界面，单击【高级键盘设置】选项，如下图所示。

步骤 03 在【替代默认输入法】列表中选择要设置的默认输入法，如下图所示。

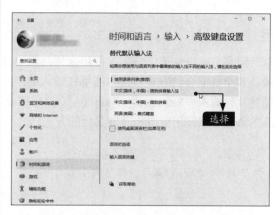

设置完成后的界面如下图所示。

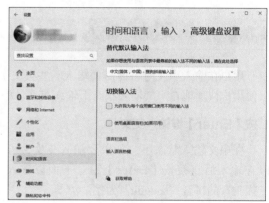

4.3 实战——拼音打字

拼音输入法是比较常用的输入法，本节主要以搜狗拼音输入法为例介绍拼音打字的方法。

4.3.1 简拼和全拼混合输入

简拼和全拼混合输入可以使输入过程更加顺畅。例如要输入"计算机"，在全拼模式下需要输入"jisuanji"，如下图所示。

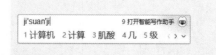

而使用简拼只需要输入"jsj"，如下图所示。

但是，简拼候选字过多，使用全拼又需要输入较多的字符，而开启双拼模式后，就可以采用简拼和全拼混合的方式，这样能够使输入的字符较少，同时提高输入效率。例如，想输入"龙马精神"，输入"longmajs""lmjings""lmjshen""lmajs"等都是可以的，如下图所示。打字熟练的人会经常使用全拼和简拼混合的方式。

4.3.2 中英文混合输入

用户在输入中文时可能需要输入一些英文字符，搜狗拼音输入法自带中英文混合输入功能，以便用户快速地在中文输入状态下输入英文。中英文混合输入的方法有以下两种。

1.按【Enter】键输入英文

在中文输入状态下，如果要输入英文，可以在输入后直接按【Enter】键。下面以输入"搜狗"的拼音"sougou"为例。

步骤01 在中文输入状态下输入"sougou"，如下图所示。

步骤02 直接按【Enter】键即可输入英文，如下图所示。

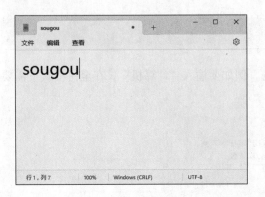

2.输入中英文

在输入中文字符的过程中，也可以输入英文，例如输入"你好的英文是hello"，具体操作步骤如下。

步骤01 输入"nihaodeyingwenshihello"，如下图所示。

步骤02 直接按空格键或者按数字键【1】，即可输入"你好的英文是hello"，如下图所示。

4.3.3 使用拆字辅助码输入汉字

搜狗拼音输入法的拆字辅助码可以快速定位一个单字，常在候选字较多，并且要输入的汉字比较靠后时使用。下面介绍使用拆字辅助码输入汉字"娴"的具体操作步骤。

步骤 01 输入"娴"字的拼音"xian"。此时候选字中不包含"娴"字，如下图所示。

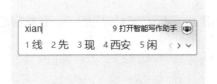

步骤 02 按【Tab】键，如下图所示。

步骤 03 再输入"娴"字的左半部分"女"的拼音"nv"，就可以看到"娴"字了，如下图所示。

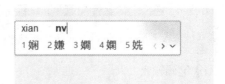

步骤 04 按空格键即可完成输入，如下图所示。

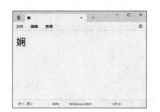

4.3.4 快速插入当前日期和时间

使用搜狗拼音输入法可以快速插入当前的日期和时间，具体操作步骤如下。

步骤 01 输入日期的简拼"rq"，即可在候选字中看到当前的日期，如下图所示。

步骤 02 单击要插入的日期即可，如下图所示。

步骤 03 使用类似的方法，输入时间的简拼"sj"，可快速插入当前时间，如下图所示。

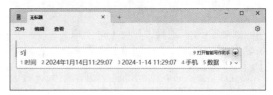

步骤 04 使用类似的方法还可以快速插入当前星期，如下图所示。

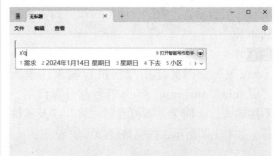

4.4 实战——陌生字的输入方法

在输入汉字的时候，经常会遇到不知道读音的陌生汉字，此时用户可以使用输入法的U模式，通过笔画输入、拆分输入等方式输入汉字。以搜狗拼音输入法为例，输入字母"U"，即可打开U模式。

小提示

在双拼模式下可按【Shift+U】组合键启动U模式。

（1）笔画输入

常用的汉字均可通过笔画来输入。如输入"烎"字的具体操作步骤如下。

步骤01 使用搜狗拼音输入法输入字母"U"，启动U模式，可以看到笔画对应的按键，如下图所示。

步骤02 根据"烎"字的笔画依次输入"hhpsnppn"，即可看到"烎"字及其拼音，如下图所示，按空格键即可输入"烎"字。

u'hhpsnppn　□ □ □ □　9 打开手写输入
烎(yín)

小提示

按键【h】代表横，按键【s】代表竖或竖钩，按键【p】代表撇，按键【n】代表点或捺，按键【z】代表折。

（2）拆分输入

将一个汉字拆分成多个组成部分，在U模式下分别输入各部分的拼音，即可打出对应的汉字。例如输入"犇""肫""浾"的方法分别如下。

步骤01 "犇"字可以拆分为3个"牛（niu）"，因此使用搜狗拼音输入法输入"u'niu'niu'niu"（'符号起分隔作用，不用输入，余同），即可看到"犇"字及其拼音，如右上图所示，按空格键即可输入该字。

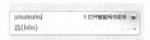

步骤02 "肫"字可以拆分为"月（yue）"和"屯（tun）"，使用搜狗拼音输入法输入"u'yue'tun"，即可看到"肫"字及其拼音，如下图所示，按空格键即可输入该字。

步骤03 "浾"字可以拆分为"氵（shui）"和"亮（liang）"，使用搜狗拼音输入法输入"u'shui'liang"，即可看到"浾"字及其拼音，如下图所示，按数字键"2"即可输入该字。

小提示

搜狗拼音输入法为常见的偏旁都定义了拼音，如下表所示。

偏旁部首	拼音	偏旁部首	拼音
阝	fu	忄	xin
卩	jie	钅	jin
讠	yan	礻	shi
辶	chuo	廴	yin
冫	bing	氵	shui
宀	mian	冖	mi
扌	shou	犭	quan
纟	si	幺	yao
灬	huo	罒	wang

（3）笔画拆分混输

用户除了可以单独使用笔画输入和拆分输入的方法输入陌生汉字外，还可以使用笔画拆分混输的方法输入汉字。输入"绎"字的具体操作步骤如下。

"绎"字的左半部分为"纟（si）"，则输入"u'si"，如右上图所示。

"绎"字的右半部分可按照笔画顺序输入，输入"znhhs"，即可看到要输入的汉字及其正确读音，如下图所示。

 # 高手私房菜

技巧1：语音输入

语音输入功能让用户能够随时随地快速进行文字输入，用户只需说出想要输入的内容，即可实现快速录入。如果电脑没有麦克风，还可以通过输入法的跨屏输入功能实现快速输入，跨屏输入功能让用户可以在不同设备间无缝切换。

步骤01 Windows 11自带语音输入功能。在输入窗口中按【Windows+H】组合键，即可打开语音助手，并启动聆听功能，此时，对准麦克风将要输入的文字说出来，即可实现语音输入，如下图所示。

步骤02 若要停止输入，可以单击🎤按钮或说"停止听写"。单击【设置】按钮，在弹出的菜单中可以进行设置，如开启"语音输入启动器"和"自动标点符号"功能，如下图所示。

另外，用户还可以根据习惯使用其他输入法的特色功能，如方言、翻译、跨屏输入等，下面以搜狗拼音输入法为例进行介绍。

步骤01 在输入窗口中单击输入法状态栏中的【语音】按钮🎤，如下图所示。

步骤02 打开语音输入功能，此时用户可以对准麦克风说话，输入法会自动识别语音并将其输入电脑中，如右图所示。

步骤03 单击【普通话】下拉按钮，在弹出的下拉列表中可以选择方言、外语及翻译等，如下图所示。如果要使用跨屏输入功能，可单击右

上角的二维码按钮。

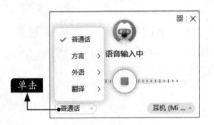

步骤 04 弹出【跨屏输入】对话框，如下图所示。

步骤 05 在手机中选择任意输入框，弹出搜狗拼音输入法键盘，点击⑤按钮，选择【AI服务】

中的【跨屏输入】选项，如下图所示，扫描二维码，开启该功能，使用该功能需要注册并登录搜狗拼音输入法的账号。

步骤 06 电脑端提示"已连接"，如下图所示，此时即可点击手机开始说话，进行语音输入。

技巧2：提取图片中的文字

在日常生活和工作中，我们经常需要从图片中提取文字以完成各种任务。传统的方法是手动输入图片中的文字，这种方法不仅耗时耗力，而且容易出错。此时，我们最好借助一些图片转文字的工具，如微信、QQ、WPS Office，快速提取图片中的文字，提高输入效率。下面以微信为例，介绍提取图片中的文字的方法。

步骤 01 打开微信，然后打开要识别的图片，按【Alt+A】组合键进入截图模式，按住鼠标左键框选要识别的文字区域后，下方会显示一个工具栏，单击工具栏中的【提取文字】按钮，如下图所示。

步骤 02 此时会弹出下图所示的窗口，窗口右侧显示了识别出的文字。用户可以拖曳鼠标选择文字，然后按【Ctrl+C】组合键，执行复制命令，再将其粘贴到目标位置，并根据图片的实际内容进行适当调整。

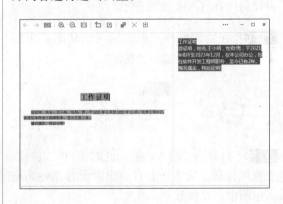

> **小提示**
>
> 不同的软件截图快捷键不同，可以直接单击截图按钮进行截图。另外，在截图前也可以设置截图时隐藏当前窗口，以便更好地进行截图。

第**5**章

网络的连接与配置

学习目标

　　网络影响着人们生活和工作的方式，通过网络，我们可以和万里之外的人交流。上网的方式多种多样，如光纤入户上网、小区宽带上网、PLC上网等。它们的效果不同，用户可以根据自己的实际情况来选择不同的上网方式。

学习效果

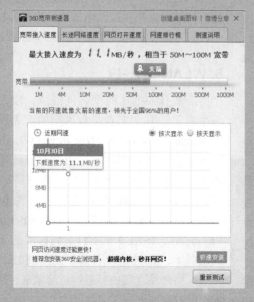

5.1 网络连接的常见名词

在接触网络连接时，我们总会碰到许多英文缩写或不太容易理解的名词，如5G、Wi-Fi、光猫等。本节将对这些英文缩写或名词进行介绍。

1. 5G

第五代移动通信技术（5G），目前正处于高速发展阶段。其理论传输速度高达10Gbit/s，这意味着用户可以在极短的时间内完成大量数据的传输。此外，5G技术还具有低延迟的特性，这使得5G在物联网、远程驾驶、汽车自动驾驶、远程医疗手术以及工业智能控制等领域具有广泛的应用前景。

目前，我们正迈向5.5G的时代，它是5G技术的进一步发展和提升，旨在提供更快的传输速度、更广的覆盖范围和更低的延迟，促进物联网设备之间的紧密连接，并为智能城市、智能交通等新兴应用领域提供强大的技术支撑。

2. 6G

第六代移动通信技术（6G），是5G之后的下一代通信标准。预计6G的商用时间在2030年左右。它的优势在于传输速度更快、延迟更低、覆盖范围更广，而且数据容量更大、能耗更低。6G将从服务于人、人与物，进一步拓展到支撑智能体的高效互联，实现由万物互联到万物智联的跃迁，成为联接真实物理世界与虚拟数字世界的纽带。

3. 光猫

Modem俗称"猫"，即调制解调器，在网络连接中，它扮演着信号翻译员的角色，负责将数字信号转换成模拟信号，让信号可以在线路上传输，是早期非对称数字用户线（Asymmetric Digital Subscriber Line，ADSL）联网的必备设备。随着宽带升级，调制设备为了适应更高的带宽，变为光Modem，也就是光调制解调器，常被称为"光猫"，光猫负责将光信号转换成数字信号的任务，这样我们才能上网。因此，对于安装了光纤宽带的家庭，光猫是必备的设备。

4. 带宽

在网络通信中，带宽是指在单位时间（一般指的是1秒）内能传输的数据量。在日常描述中常常把bit/s省略，如带宽是100M，完整描述是100Mbit/s（兆比特每秒）。如果要计算100M的带宽每秒最大可以下载多少MB的文件，其结果为100Mbit/8=12.8MB。也就是说，将带宽除以8，即可计算出该网络最高的下载速度。

5. 局域网

局域网（Local Area Network，LAN）是一种小范围的无线或有线网络，允许设备在这个范围内互相连接。例如，家里的电脑、手机和打印机连接到同一个路由器上，就构成了一个局域网。在这个网络中，设备之间可以共享资源，如共享打印机、电脑文件等。手机也可以通过Wi-Fi连接到局域网，实现上网功能。简而言之，局域网就是通过路由器或交换机等媒介将多个设备连接在一起，实现资源共享的网络。

6. WLAN和Wi-Fi

常常有人把这两个名词混淆，以为它们是一个意思，其实二者是有区别的。无线局域网（Wireless Local Area Network，WLAN）利用射频技术进行数据传输，可弥补有线局域网的不足，达到网络延伸的目的。Wi-Fi（Wireless Fidelity，无线保真）是基于电气电子工程师学会（Institute of Electrical and Eletronics Engineers，IEEE）802.11系列标准的无线网络通信技术，目的是改善基于IEEE 802.11标准的无线网络产品之间的互通性，简单来说就是通过无线电波实现无线联网的目的。

二者的联系是Wi-Fi包含于WLAN中，只是发射的信号和覆盖的范围与WLAN不同。一般Wi-Fi的覆盖半径仅有90m左右，而WLAN的最大覆盖半径可达5000m。

7. 2.4GHz和5GHz

2.4GHz和5GHz是指不同的频段。这些频段就如同通信的频道，能同时容纳多个设备进行通信，但也会受到其他设备的干扰。2.4GHz频段在日常生活中几乎处处可见，许多设备都在此频段上工作，所以它比较拥挤，信号也较不稳定。5GHz频段则相对清静，速度也更快，但穿墙能力较差。最新推出了6GHz频段，其速度和稳定性更胜一筹，但需要更新的技术支持。普通用户在选择频段时，如果追求稳定和较广的覆盖范围，2.4GHz是不错的选择；如果更注重速度且不太介意偶尔的信号中断，5GHz更为合适；而6GHz则适合对网络质量有更高要求的人群。

8.Wi-Fi 6和Wi-Fi 7

Wi-Fi 6和Wi-Fi 7是无线局域网标准，用于设备之间的无线网络连接。在选择路由器时，我们会经常碰到这两个名词。Wi-Fi 6具有更高的数据传输效率和更多的连接数量，适用于拥挤的网络环境，如大型家庭、公共场所等。它通过更有效的信道访问方式来管理网络流量，可以更好地平衡网络负载并提高整体性能。Wi-Fi 7是Wi-Fi 6的下一代标准，具有更高的传输速度和传输效率，支持更多设备同时连接，特别适用于高清视频流和大型多人在线游戏等高带宽应用。

然而，需要注意的是，虽然Wi-Fi 7已经推出了相应的路由器，但是对联网设备的要求较高。这意味着，如果想要充分利用Wi-Fi 7路由器的优势，需要使用支持该标准的联网设备。因此，在选择路由器时，我们需要根据实际需求和预算来选择合适的型号和规格，以获得更好的网络体验。

5.2 实战——电脑连接上网的方式及配置方法

上网的方式多种多样，主要包括光纤入户上网、小区宽带上网等，不同的上网方式给用户带来的网络体验也不同，本节主要介绍有线网络的设置。

5.2.1 光纤入户上网

光纤入户是目前最常见的家庭上网方式之一，联通、电信和移动的宽带网络都是采用光纤入户的形式，搭配千兆光猫，用户即可使用光纤上网，其速度达百兆至千兆，拥有速度快、掉线少的优点。

1. 开通业务

常见的宽带服务商有电信、联通及移动等，用户可根据自身需求选择合适的服务商。如果决定使用手机运营商的宽带服务，可以直接通过官方App、公众号或小程序进行申请，操作简便。而如果需要更换或申请其他运营商的宽带服务，建议携带有效证件亲自前往营业厅办理，以便更全面地了解服务详情和选择合适的套餐。完成申请后，当地宽带服务商的工作人员会主动联系用户，提供上门服务，包括光猫接入和设备上网配置等，确保用户能够顺利、稳定地享受宽带上网服务。

2. 电脑端配置

工作人员在安装宽带时，会为光猫配置好账号和密码，确保用户无须进行额外的操作。使用台式电脑的用户只需将网线接入光猫的广域网（Wide Area Network，WAN）口即可实现上网。

当电脑连接到网络后，任务栏中会显示"已连接"标识，如果要查看网络情况，可右击网络标识，在弹出的菜单中选择【网络和Internet设置】选项，如下图所示。

打开【网络和Internet】界面，即可看到网络的连接状态、属性等，如下图所示。

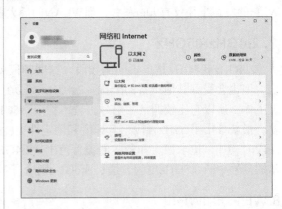

手机或笔记本电脑可通过光猫设备背面的无线网络名称和密码接入无线网络，实现上网。

5.2.2 小区宽带上网

小区宽带一般指的是光纤接到小区，也就是LAN，使用大型交换机分配网线给各户，不需要使用ADSL Modem设备，用户使用配有网卡的电脑即可连接上网。整个小区共用一根光纤，在用户不多的时候网络速度非常快。这是大中型城市目前较普遍的一种宽带接入方式，有多家公司提供此类宽带接入服务。

1. 开通业务

小区宽带上网的申请比较简单，用户携带自己的有效证件和本机的物理地址到负责小区宽带业务的服务商处申请即可。

2. 设备的安装与设置

申请开通小区宽带上网服务后，服务商会安排工作人员上门安装。不同的服务商在提供的上网信息方面存在差异。有些服务商会提供上网的用户名和密码，而另一些则会提供互联网协议地址（Internet Protocol Address，IP地址），还有一些会提供MAC地址（Media Access Control Address）。

3. 电脑端配置

小区宽带上网使用的信息不同，其设置也不同。下面讲解不同的小区宽带上网方式。

（1）使用用户名和密码

如果服务商提供了上网的用户名和密码，用户需要将服务商接入的网线连接到电脑上，并执行拨号操作。

步骤01 右击通知区域中的网络图标，在弹出的菜单中选择【网络和Internet设置】选项，如下图所示。

步骤02 单击【拨号】选项，如下图所示。

步骤03 进入【拨号】界面,单击【宽带连接】右侧的【连接】按钮,如下图所示。

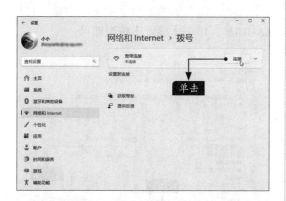

小提示

如果没有【宽带连接】选项,可以单击【设置新连接】选项,进行新建操作。

步骤04 在弹出的【登录】界面中的【用户名】和【密码】文本框中输入宽带服务商提供的用户名和密码,单击【确定】按钮,如下图所示。

(2)使用IP地址上网

如果服务商提供了IP地址、子网掩码及默认网关,用户需要在本地连接中设置Internet(TCP/IP)协议,具体步骤如下。

步骤01 打开【网络和Internet】界面,单击【高级网络设置】选项,如下图所示。

步骤02 进入【高级网络设置】界面,展开【网络适配器】选项,单击【更多适配器选项】右侧的【编辑】按钮,如下图所示。

步骤03 弹出【以太网 属性】对话框,勾选【Internet协议版本4(TCP/IPv4)】复选框,单击【属性】按钮,如下图所示。

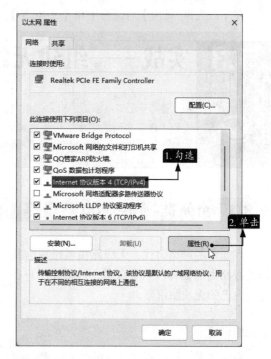

步骤04 在弹出的对话框中选中【使用下面的IP地址】单选项,然后在其下面的文本框中填写服务商提供的IP地址、子网掩码及默认网关,然后单击【确定】按钮,如下页图所示。

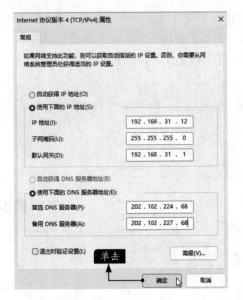

按钮，即会弹出下图所示的对话框，单击【高级】选项卡，在【属性】列表中选择【网络地址】选项，在右侧的【值】文本框中输入12位MAC地址，单击【确定】按钮即可。

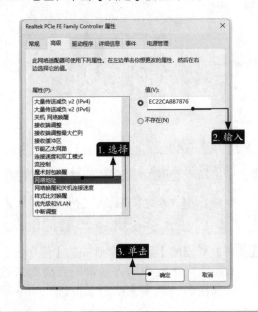

（3）使用MAC地址

如果服务商提供了MAC地址，用户可以按照以下步骤进行设置。

在【以太网 属性】对话框中单击【配置】

5.3 实战——组建无线局域网

随着笔记本电脑、手机、平板电脑、智能家居设备的日益普及，有线网络已不能满足人们工作和生活的需要。无线局域网不需要网线就可以将多台设备连接在一起，其以强大的传输能力、方便性及灵活性，得到了广泛应用。

5.3.1 如何选择适合的无线路由器

在如今的网络时代，无线路由器已成为我们生活和工作中不可或缺的一部分。然而，市场上的无线路由器品牌和型号众多，常常让用户在选择时感到困惑。本小节将指导读者如何选择一款适合自己的无线路由器。

1.网络环境

在选择无线路由器时需考虑以下因素。

网络速度：网络速度是选择无线路由器的重要因素。如果网络速度是100Mbit/s，那么选择一个支持1200Mbit/s的路由器就足够了。如果网络速度是1Gbit/s，那么需要选择一个支持更高速度的路由器。

覆盖面积：选择无线路由器时还需考虑家庭的居住面积以及办公场所的规模。例如，对于100平方米左右的面积，可以选择覆盖范围在100平方米左右的无线路由器。如果网络环境覆盖面积较大，或有智能家居设备连接需求，建议选择覆盖面积较广、支持无线网格网络（MESH）组网的路由器。

设备数量：如果有多个设备需要连接无线网络，那么需要考虑路由器支持的设备连接数量。一些高端的路由器可以同时连接几十个设备。

2. 使用需求

对于日常家庭使用，可以选择性价比较高的双频无线路由器。双频无线路由器能够满足一般家庭的上网需求，同时具备一定的穿墙能力。

对于办公场合，建议选择支持千兆端口、较高无线传输速度的路由器。此类路由器能够支持大量设备同时连接，并保证稳定的网络环境。

对于特殊需求，如竞技游戏，建议选择支持先进无线技术的三频专业级无线路由器。此类路由器能够提供低延迟、高稳定的网络环境，满足竞技需求。

3. 预算方面

不同品牌、不同型号的无线路由器价格差异较大。在挑选时，用户要根据自己的预算进行选择，以下是一些价位建议。

低端：适合预算较低或仅需简单无线覆盖的用户，一般价格在百元以内。

中端：适合对网络性能有一定要求，但不需要过于高端的用户，一般价格在100~300元。

高端：适合对网络性能要求较高，且预算较为充裕的用户，一般价格在300元以上。

4. 路由器的对比参数

（1）端口

无线路由器的网络端口主要分为千兆和百兆两种，为了确保最佳性能，建议选择千兆网络端口的路由器。

（2）无线速率

无线速率是衡量路由器传输速度的重要指标。常见的无线速率有1200Mbit/s、2400Mbit/s和3000Mbit/s等。一般来说，无线速率越高，传输速度越快，覆盖范围也越广。然而，无线速率并非越高越好。在选择时，应根据自己的实际需求和网络环境来决定。对于一般家庭用户，1200Mbit/s或2400Mbit/s的路由器可能就足够了。而高带宽用户或需要覆盖大面积的房屋的用户，则可能需要选择更高无线速率的路由器。

（3）无线协议

无线协议决定路由器的联网性能和稳定性。目前常见的无线协议有Wi-Fi 5、Wi-Fi 6、Wi-Fi 6E和Wi-Fi 7等。新版本的无线协议通常会带来更好的性能和更高的效率。例如，Wi-Fi 6相比于Wi-Fi 5，能够更好地管理网络流量，支持更多的设备同时连接并提高了信号的稳定性。在选择路由器时，应尽量选择最新版本的无线协议，以确保最佳的联网体验。目前，Wi-Fi 7对设备要求较高，建议根据联网设备进行选择。

（4）无线频段

无线频段决定路由器的信号覆盖范围和稳定性。单频路由器通常只使用2.4GHz频段，而双频路由器则增加了5GHz频段。三频路由器则拥有更多的频段选择，通常包括2.4GHz、5GHz和6GHz。一般来说，双频路由器能够提供更广的信号覆盖范围和更好的稳定性，而三频路由器则能进一步优化网络性能，特别是在高带宽应用中。在选择时，应根据自己的实际需求和网络环境来决定。

（5）App控制

目前，主流中高端路由器支持通过App进行远程控制和管理。这一功能允许用户在外出时远程调整路由器设置、查看网络状态或进行故障排除等操作。如果用户经常在外或需要远程管理家庭网络，那么选择支持App控制的路由器会非常方便。如果只是偶尔需要远程调整设置，那么不支持App控制的路由器可能更为经济实惠。

（6）支持MESH

对于拥有大户型或复式住宅的用户，如何实现信号的全面覆盖是一个挑战。此时，支持MESH功能的路由器成了一个很好的解决方案。通过多台路由器的协同工作，MESH网络能够实现无缝覆盖，确保家中每个角落都能接收到稳定的网络信号。如果家中有难以覆盖的死角或需要更强的信号，支持MESH功能的路由器是一个很好的选择。

5.3.2 组建无线局域网

组建无线局域网的方法如下。

1. 硬件搭建

在组建无线局域网之前，要将硬件设备搭建好。

首先，通过网线将电脑与路由器相连，将网线一端接入电脑主机的网线接口，另一端接入路由器任意一个LAN口。

其次，通过网线将光猫与路由器相连，将网线一端接入光猫的LAN口，另一端接入路由器的WAN口。

不同的无线光猫的LAN接口会稍有区别，如有的LAN口仅支持连接电视，不支持连接路由器。部分光猫的LAN口有百兆和千兆之分，如果带宽在100兆以内，这两种接口都可接入，搭配百兆路由器即可；如果带宽为100兆以上，建议采用千兆路由器，并接入千兆LAN口。因为百兆路由器最大支持100兆带宽，即便带宽为300兆，采用百兆路由器的网速也仅相当于100兆带宽，而使用千兆路由器则可达到300兆带宽。正确接入LAN口并选择合适的路由器，可以使用户有更好的上网体验。

最后，将路由器连接电源，此时即完成了硬件搭建工作，如下图所示。

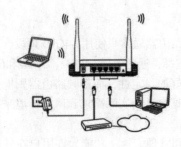

> **小提示**
>
> 如果台式机要接入无线局域网，可安装无线网卡，插入网卡后将相应的驱动程序安装在电脑上。

2. 路由器设置

路由器设置主要指在电脑或便携设备端为路由器配置上网账号，设置无线局域网的名称、密码等信息。

下面以台式机为例，使用小米的路由器，在Windows 11下使用Microsoft Edge浏览器进行路由器设置，具体步骤如下。

步骤01 完成硬件搭建后，启动与路由器连接的电脑，打开Microsoft Edge浏览器，在地址栏中输入"192.168.31.1"，按【Enter】键进入路由器管理页面，单击【马上体验】按钮，如下图所示。

小提示

不同路由器的配置地址不同，可以在路由器的背面或说明书中找到对应的配置地址、用户名和密码。部分路由器在浏览器中输入配置地址后，会弹出对话框，要求输入用户名和密码。用户名和密码可以在路由器设置页面修改。如果遗忘，可以在路由器开启状态下，长按【RESET】键恢复出厂设置，此时其用户名和密码恢复为原始设置。

步骤 02 进入【选择配置类型】页面，根据网络情况，选择连接类型，如下图所示，一般情况下，路由器会自动识别上网连接类型。如自动识别为宽带账号上网类型，在页面中输入账号和密码即可。

小提示

如果路由器不支持自动识别上网连接类型，则用户可根据情况进行选择，一般包括宽带账号上网、自动获取IP、静态IP和Wi-Fi中继等。常见的联通、电信、移动等的网络都属于宽带账号上网。自动获取IP，也称动态IP或动态主机配置协议（Dynamic Host Configuration Protocol，DHCP），每连接一次网络就会被自动分配一个IP地址，在设置时无须输入任何内容，如果光猫已进行拨号设置，则需选择自动获取IP类型。静态IP也称固定IP上网，即服务商会提供一个固定IP，设置时输入IP地址和子网掩码即可。Wi-Fi中继也称中继，即路由器在网络连接中起到中继的作用，能实现信号的中继和放大，从而扩大无线局域网的覆盖范围，在设置时连接无线局域网，再输入密码即可。

步骤 03 进入【上网向导】页面，设置Wi-Fi的名称和密码，密码尽量采用数字和字母的组合，然后单击【下一步】按钮，如右上图所示。

小提示

勾选【将Wi-Fi密码作为路由器管理密码】复选框，可将Wi-Fi密码作为登录路由器管理页面的密码，如果不勾选，则可重新设置。

单击【下一步】按钮后，页面如下图所示。

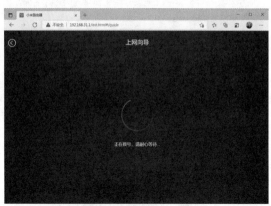

配置完成后，路由器会自动重启，如下图所示。

5.3.3 使用手机配置无线路由器

如果当前不具备用电脑配置无线路由器的条件或希望使用手机进行配置，可以参照以下步骤。

步骤 01 打开手机的WLAN功能，手机会自动扫描周围可连接的无线局域网，连接要配置的无线局域网，如下图所示。

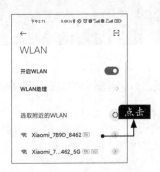

> **小提示**
>
> 路由器在初始状态下发出的无线局域网的名称一般以路由器的品牌拼音或英文开头，没有密码，用户可以直接连接。

步骤 02 稍等片刻，显示"已连接（需登录/认证）"，表示连接成功，如下图所示。

步骤 03 点击已连接的无线局域网，跳转至配置页面，点击【马上体验】按钮，如下图所示。

> **小提示**
>
> 如果是老式路由器，则用户需在手机浏览器中输入路由器配置地址，然后进入配置页面。

步骤 04 进入【上网向导】页面，根据上网连接类型进行设置，这里自动识别为宽带账号上网，分别输入宽带账户和密码，点击【下一步】按钮，如下图所示。

步骤 05 设置Wi-Fi的名称和密码，点击【下一步】按钮，如下图所示。

设置完成后，路由器会自动重启以使设置生效。

5.3.4 电脑连接上网

路由器配置完成后，如果电脑已通过网线与路由器连接，则可以直接上网，而使用无线网卡的电脑需要用户搜索设置的无线局域网，然后输入密码，才能连接到网络。具体操作步骤如下。

步骤 01 单击通知区域中的网络图标⊕，在弹出的快速设置面板中单击【管理WLAN连接】按钮 ＞，如下图所示。

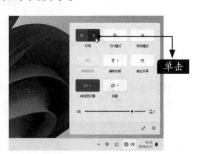

步骤 02 在弹出的无线局域网列表中，单击需要连接的网络，在展开项中勾选【自动连接】复选框，然后单击【连接】按钮，如下图所示。

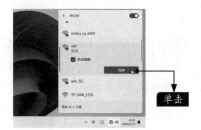

步骤 03 在网络名称下方的【输入网络安全密钥】文本框中，输入在路由器中设置的密码，

单击【下一步】按钮，如下图所示。

步骤 04 密码验证成功后即可连接到网络，该网络名称下方显示"已连接，安全"字样，通知区域中的网络图标也显示为无线局域网已连接样式 🛜，如下图所示。

5.4 实战——管理无线局域网

无线局域网组建完成后，为满足使用需要，需要对网速、密码和名称等进行管理，本节主要介绍一些常用的无线局域网管理知识。

5.4.1 网速测试

网速一直是用户较为关心的问题，在日常使用中，用户可以自行对网速进行测试。本小节主要介绍如何使用360宽带测速器对网速进行测试。

步骤 01 打开360安全卫士，单击【功能大全】➤【网络】类别中的【宽带测速器】图标，如下图所示。

步骤 02 打开【360宽带测速器】工具，该工具会自动进行网速测试，如下图所示。

步骤 03 测试完毕后，【360宽带测速器】对话框中会显示宽带的接入速度，如下图所示。用户还可以测试长途网络速度、网页打开速度等。

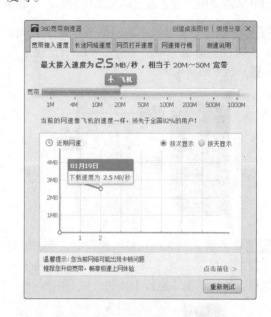

小提示

如果宽带服务商采用域名劫持、下载缓存等技术方法，测出来的网速可能高于实际网速。

5.4.2 修改无线局域网的名称和密码

经常修改无线局域网的名称和密码有助于保护无线局域网，防止别人盗用。下面以小米路由器为例，介绍修改无线局域网的名称和密码的具体操作步骤。

步骤 01 打开浏览器，在地址栏中输入路由器的管理地址，按【Enter】键进入路由器登录页面，然后输入管理员密码，按【Enter】键，如下图所示。

步骤 02 进入【路由状态】页面，单击【常用设置】超链接，如下图所示。

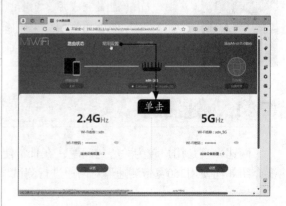

步骤 03 在【2.4G Wi-Fi】区域中，设置新的无线局域网名称和密码，单击【保存】按钮，如下图所示。

小提示

目前，市面上大部分路由器都支持双频合一功能，用户开启双频合一功能后，2.4G和5G会合并为一个网络，用户只需设置一个网络名称和密码，设备会自动连接相应频段的网络，不过这可能导致部分电脑、手机及其他智能设备无法连接网络。

步骤 04 弹出【修改Wi-Fi设置】对话框，单击【确认】按钮，如下图所示。

设置成功后，设备会自动重启，如下图所示。

目前，市面上的主流路由器均支持App管理，用户下载路由器的管理App，并绑定当前路由器，就可以查看路由器的状态，并使用App中的工具或插件对路由器进行管理，如下图所示。

5.4.3 隐藏网络

当无线网络设置为隐藏状态时，其他设备无法搜索到该网络，只有知道网络名称和密码的人才能手动添加并连接该网络。隐藏网络的具体步骤如下。

步骤 01 打开浏览器，输入路由器的管理地址，进入路由器登录页面，成功登录后，进入无线局域网设置页面，勾选【隐藏网络不被发现】复选框，单击【保存】按钮，如右图所示。

小提示

部分路由器只需取消勾选【开启SSID广播】或开启【Wi-Fi隐身】功能即可隐藏网络。

步骤 02 弹出【修改Wi-Fi设置】对话框，单击【确认】按钮，如下图所示。

隐藏网络后，使用电脑连接该网络的具体操作步骤如下。

步骤 01 单击任务栏中的网络图标，在弹出的无线网络列表中单击【隐藏的网络】，并单击【连接】按钮，如下图所示。

步骤 02 输入网络的名称，并单击【下一步】按钮，如下图所示。

步骤 03 输入网络的密码，单击【下一步】按钮，即可进行连接，如下图所示。

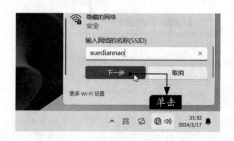

5.4.4 将路由器恢复为出厂设置

将路由器恢复为出厂设置的具体操作步骤如下。

步骤 01 进入路由器的【系统状态】页面，单击【恢复出厂设置】区域中的【立即恢复】按钮，如下图所示。

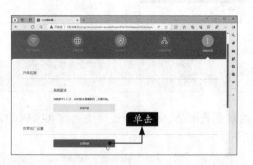

步骤 02 弹出【提示】对话框，单击【直接恢复出厂设置】按钮，如下图所示。

步骤 03 弹出【确认信息】对话框，单击【确认】按钮，如下图所示。

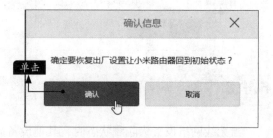

单击后路由器即会重启，如下图所示。

高手私房菜

技巧1：诊断和修复网络连接问题

电脑不能上网，说明电脑无法与网络连接，这时就需要诊断和修复网络连接了，具体的操作步骤如下。

步骤01 右击任务栏中的网络图标⊕，在弹出的菜单中选择【诊断网络问题】选项，如下图所示。

步骤02 弹出【获取帮助】窗口，此时系统会根据情况对网络进行诊断，如下图所示。

步骤03 诊断完成后，系统会自动对网络进行修复，问题解决后单击【关闭】按钮即可，如下图所示。

技巧2：将电脑转变为无线热点

如果电脑可以上网，用户即使没有无线路由器，也可以通过简单的设置将电脑转变为无线热点，但是前提是电脑必须装有无线网卡。准备好后，可以参照以下步骤进行操作。

步骤01 按【Windows+A】组合键，打开快速设置面板，右击【移动热点】图标，在弹出的菜单中单击【转到"设置"】选项，如下图所示。

> **小提示**
>
> 如果移动热点功能已经设置好，则直接单击该图标即可。

步骤02 进入【网络和Internet>移动热点】界面，将【移动热点】右侧的开关按钮设置为"开"，然后单击【属性】区域中的【编辑】按钮，如下页图所示。

步骤 03 在弹出的【编辑网络信息】对话框中，设置网络的名称和密码，单击【保存】按钮，如下图所示。

此时，用其他设备搜索设置的热点并输入密码即可连接，在【网络和Internet>移动热点】界面下方可以看到接入的设备信息和数量，如下图所示。

第6章

管理电脑中的软件

使用电脑时，用户要借助多种软件来完成各项工作。在安装完操作系统后，用户首先要考虑的就是安装软件，以满足工作和娱乐的需求。而卸载不常用的软件则可以让电脑更好地工作。本章介绍管理电脑中的软件的方法。

6.1 认识常用软件

软件的类型极为丰富，主要有办公软件类、输入法类、沟通交流类、网络应用类、安全防护类、影音图像类等，下面主要介绍常用的软件。

1.办公软件类

办公软件就是帮助我们完成工作或者学习任务的工具。写报告、制作表格、做演讲等，都可能需要用到这些软件。

最常见的办公软件有微软的Word（用来写作和排版）、Excel（用来制作表格和处理数据）和PowerPoint（用来制作演示文稿）。另外还有PDF处理工具（如Adobe Acrobat），用来查看和编辑PDF文件；WPS也是常见的办公软件，可以提高我们的工作效率。

下图所示为用WPS Office打开演示文稿的界面。

2.输入法类

在电脑上打字、聊天、搜索东西都需要使用输入法类软件进行文字输入，常用的输入法软件有搜狗拼音输入法、QQ输入法等。

（1）搜狗拼音输入法

搜狗拼音输入法是一款基于汉语拼音的输入法软件，采用先进的人工智能技术，能智能联想、云输入、智写等，并提供丰富的皮肤和多语言支持。有了AI技术的加持，其输入更为准确、流畅，大大提升了用户的输入效率。右上图所示为搜狗拼音输入法的状态栏。

（2）QQ输入法

QQ输入法是由腾讯公司研发的一款中文输入法软件。它不仅具备基本的输入功能，还集成了丰富的扩展功能。通过QQ账号管理，用户可以在不同设备间同步自己的输入习惯和词库，实现跨设备的无缝切换。同时，QQ输入法支持多种输入模式，如拼音、手写、语音等，满足了不同用户的输入需求。

3.沟通交流类

沟通交流类软件有QQ、微信等。

（1）QQ

QQ有在线聊天、视频通话、传输文件、共享文件等多种功能，是在工作中使用率较高的一款软件。

（2）微信

微信是腾讯公司推出的一款即时聊天工具，支持发送语音、视频、图片和文字等，在手机中使用得最为普遍。

4.网络应用类

在办公过程中，用户有时需要查找或下载资料，使用网络应用类软件可快速完成这些工作。常见的网络应用类软件有浏览器、下载工具等。

浏览器是可以显示网页服务器或者文件系统的超文本标记语言（Hyper Text Markup Language，HTML）文件内容，并可让用户与这些文件内容交互的软件。常见的浏览器有Microsoft Edge、搜狗浏览器、360安全浏览器等。

使用下载工具，用户可以将网络中的安装文

件、文档文件、多媒体文件等下载到电脑中。其中，下载大型文件时，常用迅雷软件；对于一些小型文件，使用浏览器直接下载即可。

下图所示为Microsoft Edge浏览器的某个页面。

5. 安全防护类

在使用电脑办公的过程中，有时电脑会出现死机、黑屏、重新启动、反应速度慢及中病毒的情况，这可能会导致工作成果丢失。为防止这些情况的发生，用户可在电脑上安装安全防护类软件。常用的安全防护类软件有360安全卫士、腾讯电脑管家等。

（1）360安全卫士

360安全卫士是由奇虎360推出的安全防护类软件，如下图所示。360安全卫士不仅拥有查杀木马、清理插件、修复漏洞、电脑体检、保护隐私等功能，还拥有木马防火墙功能。360安全卫士使用方便、用户口碑好且用户较多。

（2）腾讯电脑管家

腾讯电脑管家是腾讯公司出品的安全防护类软件，集专业病毒查杀、智能软件管理、系统安全防护功能于一身，同时还具有电脑加速、权限雷达、工具箱等功能，能够满足用户杀毒防护和安全管理的双重需求，如下图所示。

6. 影音图像类

使用电脑办公时，用户有时需要作图、播放影音等，这时就需要使用影音图像类软件。常见的影音图像类软件有Photoshop、美图秀秀、爱奇艺、腾讯视频等。

Photoshop，简称PS，主要用于处理由像素构成的数字图像，如下图所示。它拥有众多的编辑与绘图工具，使用户可以高效地进行图片编辑工作。然而，由于其功能众多且复杂，所以使用难度较大。

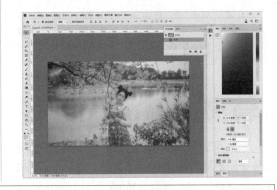

6.2 软件的获取方法

安装软件的前提是要有软件安装文件，一般是EXE格式的文件，基本上都是以"setup.exe"命名的，还有不常用的MSI格式的大型安装文件和RAR、ZIP格式的文件，这些文件的获取方法也是多种多样的，下面进行介绍。

6.2.1 在官方网站下载

官方网站是指主办方公司或个人建立的最具权威、最有公信力或唯一指定的网站，常用于介绍和宣传产品。下面以微信为例，介绍在官方网站下载软件的方法。

步骤01 在浏览器地址栏中输入微信官方网站的网址，按【Enter】键进入官方网站，单击【下载3.9.8】按钮，如下图所示。

单击按钮后浏览器即会下载该软件，并显示下载进度，如下图所示。

小提示

使用不同的浏览器进行下载的操作过程可能稍有不同，有的浏览器会弹出【下载】对话框，用户单击【确定】按钮即可。

步骤02 下载完毕后，单击【打开下载文件夹】按钮，如下图所示。

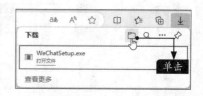

小提示

单击【打开文件】超链接，可以直接打开该文件。

单击后即可打开文件所在的文件夹，查看下载的文件，如下图所示。

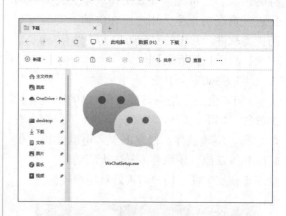

6.2.2 通过电脑管理软件下载

用户可以使用360安全卫士、腾讯电脑管家等安全防护软件提供的软件管理功能，下载和安装电脑软件。右图所示为360安全卫士的360软件管家界面，在其中选择要下载的软件，单击【一键安装】或【安装】按钮即可下载并安装软件。

6.3 实战——安装软件的方法

使用安装光盘或者从官网下载软件后，需要对其进行安装；而在电脑管理软件中下载要安装的软件后，系统会自动安装软件。下面以微信为例介绍安装软件的方法。

步骤 01 打开上一节下载的文件所在的文件夹，双击名称为 "WeChatSetup.exe" 的文件，如下图所示。

此时弹出程序加载框，并显示加载进度，如下图所示。

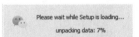

步骤 02 加载完毕后，弹出安装界面，选中【我已阅读并同意服务协议】，单击【安装】按钮，如下图所示。

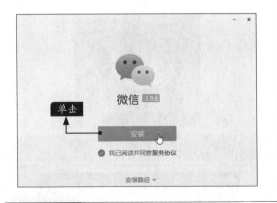

软件开始安装，安装进度如下图所示。

步骤 03 安装完成后，单击【开始使用】按钮即可运行该软件，如下图所示。如果不需要运行该软件，单击右上角的【关闭】按钮即可。

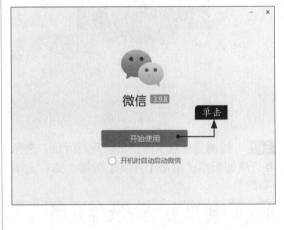

6.4 实战——软件的升级

软件不是一成不变的，而是需要不断升级的，特别是杀毒软件的病毒库。软件升级主要分为自动检测升级和使用第三方软件升级两种，下面进行介绍。

6.4.1 自动检测升级

下面以360安全卫士为例介绍自动检测升级软件的方法。

步骤 01 右击桌面通知区域的【360安全卫士】图标，在弹出的界面中单击【升级】▶【程序升级】选项，如下图所示。

步骤 02 弹出【360安全卫士-升级】对话框，此时软件将自动检测新版本，如下图所示。

步骤 03 检测到新版本后弹出可升级信息，选择要升级的版本，单击【升级】按钮，如右上图所示。

步骤 04 单击【升级】按钮后，对话框中将显示新版本软件的下载进度，如下图所示。

下载完毕后即可进行安装，安装时界面中会显示安装进度，如下图所示。

6.4.2 使用第三方软件升级

用户可以通过第三方软件，如360软件管家和腾讯电脑管家等升级软件。下面以360软件管家为例介绍如何使用第三方软件升级软件。

打开360软件管家，单击【升级】选项卡，界面中会显示可以升级的软件，单击【升级】按钮即可升级相应软件，单击【一键升级】按钮则可升级全部软件，如右图所示。

6.5 实战——软件的卸载

软件的卸载是指将不再需要的软件从计算机系统中移除的过程。卸载软件可以释放磁盘空间、减少对系统资源的占用，并提高计算机的性能和稳定性。

6.5.1 使用操作系统自带的卸载工具

Windows 11自带的卸载功能是一个简单易用的工具，可以帮助用户轻松地卸载不需要的应用程序，具体操作步骤如下。

步骤01 按【Windows+I】组合键，打开【设置】面板，单击【应用】➤【安装的应用】选项，如下图所示。

进入【安装的应用】界面，即可看到应用列表，如下图所示。

步骤02 在应用列表中选择要卸载的软件，单击软件右侧的 … 按钮，在弹出的菜单中单击【卸载】选项，如右上图所示。

步骤03 在弹出的提示框中单击【卸载】按钮，如下图所示。

步骤04 弹出【卸载向导】对话框，单击【确定】按钮，如下图所示。

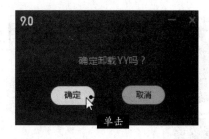

小提示

不同的软件卸载时的选项会稍有不同，请注意选择，按提示卸载即可。

单击后软件开始卸载，并显示进度，如下图所示。

步骤 05 卸载完成后，单击【确定】按钮，如下图所示。

6.5.2 使用第三方软件卸载

用户还可以使用第三方软件，如360软件管家、腾讯电脑管家等卸载不需要的软件，具体操作步骤如下。

启动360软件管家，在打开的界面中单击【卸载】选项卡，进入【卸载】界面，可以看到计算机中已安装的软件，勾选需要卸载的软件，单击【一键卸载】按钮，如下图所示。

卸载完成后，360软件管家会提示卸载完成，如下图所示。

6.6 实战——使用Microsoft Store

Microsoft Store是Windows 11中的应用商店，为用户提供了丰富的应用。

6.6.1 搜索并下载应用

在Microsoft Store中，用户可以通过搜索框搜索并下载所需的应用。

步骤 01 单击任务栏中的【Microsoft Store】图标 ，如下图所示。

步骤 02 单击后即可打开Microsoft Store，其导航菜单包括主页、应用和游戏等选项，默认打开的是【主页】界面，如下图所示。单击【应用】选项，界面中将显示热门应用和详细的应用类别；单击【游戏】选项，界面中将显示热门的游戏应用和详细的游戏应用分类。

步骤 03 在搜索框中输入要下载的应用的名称，如"微信"，搜索框下方即会弹出相关的应用，选择符合要求的应用，如下图所示。

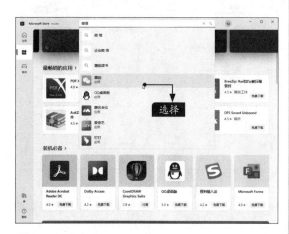

步骤 04 进入应用界面，单击【安装】按钮，如右上图所示。

单击后应用开始下载，界面中会显示下载的进度，如下图所示。

步骤 05 下载完成后，界面中会显示【打开】按钮，单击该按钮即可运行应用，如下图所示。

小提示

在Microsoft Store中，部分应用是需要用户付费购买的。这些应用的价格以人民币为结算单位。为了方便用户支付，Microsoft Store提供了多种支付方式，包括银联储蓄卡、银行卡以及支付宝等。用户根据提示进行支付操作，即可轻松购买所需应用。具体支付流程在此不再赘述。

6.6.2 查看已购买的应用

在Microsoft Store中可以查看使用当前Microsoft账户购买或下载过的所有应用，具体步骤如下。

步骤01 打开Microsoft Store，单击导航菜单中的【库】按钮，如下图所示。

备中安装；若显示【下载】按钮，表示该账户曾购买或下载过该应用，但当前设备未安装，如下图所示。

步骤02 进入【库】界面，在【应用】列表中可看到该账户拥有的应用。应用名称右侧若显示【打开】按钮，表示该应用已在当前设

6.6.3 升级应用

Microsoft Store中的应用每隔一段时间都会进行版本升级，以修复之前版本存在的问题或提升性能。用户可以通过检查更新来升级应用，具体步骤如下。

在Microsoft Store的【库】界面中单击【检查更新】按钮，如下图所示。

Microsoft Store即会自动下载并可更新应用，如下图所示。

6.6.4 卸载应用

用户可以在【设置】面板中的【应用>安装的应用】界面中卸载软件。单击软件右侧的···按钮，在弹出的菜单中单击【卸载】选项即可，如下页图所示。

 高手私房菜

技巧1：安装更多字体

用户除了可以使用Windows 11自带的字体外，还可以自行安装字体。安装字体的方法主要有以下3种。

（1）右键安装

右击要安装的字体，在弹出的菜单中单击【显示更多选项】选项，然后单击【安装】选项，如下图所示。

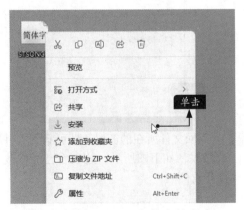

（2）复制到Windows字体文件夹中

复制要安装的字体，打开【此电脑】窗口，在地址栏里输入"C:/WINDOWS/Fonts"，按【Enter】键，进入Windows字体文件夹，将字体粘贴到文件夹中，如右上图所示。

（3）作为快捷方式安装

步骤 01 打开【此电脑】窗口，在地址栏里输入"C:/WINDOWS/Fonts"，按【Enter】键，进入Windows字体文件夹，单击左侧的【字体设置】超链接，如下图所示。

步骤 02 在打开的【字体设置】窗口中勾选【允许使用快捷方式安装字体（高级）（A）】复选框，然后单击【确定】按钮，如下图所示。

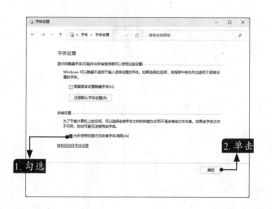

步骤 03 右击要安装的字体，在弹出的菜单中单击【显示更多选项】选项，然后单击【为所有用户的快捷方式】选项，即可进行安装，如下图所示。

小提示

第一种和第二种方法会将字体直接安装到Windows字体文件夹里，字体会占用系统盘空间，从而影响开机速度，如果安装少量的字体，可使用这两种方法；而使用快捷方式安装字体，只是将字体的快捷方式保存到Windows字体文件夹里，可以达到节省系统盘空间的目的。但是用户不能删除字体或改变字体位置，否则字体将无法使用。

技巧2：在Windows 11中更改默认打开软件

在使用电脑时，用户如果不希望某个软件作为某个类型文件的默认打开软件，可以对其进行更改。下面以修改默认音乐播放器为例，介绍更改默认打开软件的方法。

步骤 01 右击电脑中的任意音乐文件，在弹出的菜单中单击【打开方式】➤【选择其他应用】选项，如下图所示。

步骤 02 在弹出的【选择一个应用以打开此.mp3文件】对话框中选择要打开该文件的软件，单击【始终】按钮，如右上图所示。

步骤 03 返回文件所在的窗口，即可看到文件图标已被修改，如下图所示，这表示已经修改了默认打开软件。

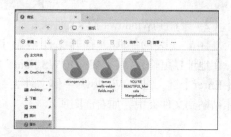

第 **7** 章

多媒体娱乐

学习目标

Windows 11提供了强大的多媒体娱乐功能，用户可以利用其充分放松身心。本章主要介绍如何使用电脑查看和编辑图片、听音乐和看视频等。

学习效果

7.1 实战——查看和编辑图片

Windows 11自带的图片管理软件使用户可以很方便地进行图片的查看与编辑。除此之外，用户还可以使用美图秀秀和Photoshop等美化、处理图片。本节以Windows自带的照片为例，介绍如何查看和编辑图片。

7.1.1 查看图片

在Windows 11中，默认的看图软件是照片，查看图片的具体操作步骤如下。

步骤 01 打开图片所在的文件夹，双击需要查看的图片，即可查看图片，如下图所示。

步骤 02 单击【照片】窗口中的【下一个】按钮 可切换图片，也可单击窗口左下角【显示影片】按钮，通过下方的缩略图切换图片，如下图所示。

步骤 03 单击【放大】按钮或按住【Ctrl】键向上滚动鼠标滚轮，可以放大图片，放大后的图片如右上图所示。

步骤 04 如果要缩小图片，可以单击【缩小】按钮或按住【Ctrl】键向下滚动鼠标滚轮，缩小后的图片如下图所示。

步骤 05 单击窗口中的【查看更多】按钮，在弹出的菜单中单击【开始幻灯片放映】选项，如下图所示，或直接按【F5】键。

步骤 06 屏幕上将自动放映该文件夹内的所有图片，如右图所示。如果想要退出幻灯片放映，可以按【Esc】键。

7.1.2 旋转图片

旋转图片的具体操作步骤如下。

步骤 01 打开要编辑的图片，单击【照片】窗口顶部的【旋转】按钮 ↻ ，如下图所示，或按【Ctrl+R】组合键。

步骤 02 图片会顺时针旋转90°，如下图所示。可多次单击【旋转】按钮或按【Ctrl+R】组合键，直至图片旋转至合适的方向。

7.1.3 裁剪图片

在编辑图片时，为了突出主体，可以将多余的部分裁掉，以达到更好的效果。裁剪图片的具体步骤如下。

步骤 01 打开要裁剪的图片，单击【照片】窗口顶部的【编辑图像】按钮 🖉 ，如下图所示。

单击后即可进入编辑界面，可以看到定界框及8个控制点，如下图所示。

步骤 02 将鼠标指针移至定界框的控制点上，拖曳控制点以调整定界框的大小，如下图所示。

步骤 03 也可以单击【自由】按钮，选择要使用的纵横比，窗口中会显示裁剪后的效果，然后单击【完成】按钮，如下图所示。

步骤 04 尺寸调整完毕后，单击【"保存"选

项】右侧的下拉按钮，弹出下拉列表，如下图所示。若单击【保存】选项，则原有图片会被替换为编辑后的图片；若单击【另存为副本】选项，则编辑后的图片会被另存为一张新图片，原图片会被保留。

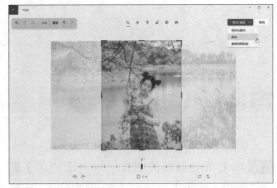

步骤 05 单击【保存】选项，进入图片预览模式，如下图所示。

7.1.4 美化图片

用户还可以使用照片软件增强图片的效果和调整图片的背景等，具体操作步骤如下。

步骤 01 打开要编辑的图片，单击【照片】窗口顶部的【编辑图像】按钮，如下图所示。

步骤 02 单击【滤镜】按钮，如下图所示。

步骤 03 进入下图所示的界面，右侧显示了滤镜列表，选择要应用的滤镜效果，软件会自动对图片进行调整，且界面中会显示调整后的效果，如下图所示。用户也可以根据需求调整效果强度。

步骤 04 单击【背景】按钮，软件会自动识别背景，用户可以根据需求进行操作，如单击【删除】缩略图，如下图所示。

步骤 05 如果要调整背景，可设置【背景画笔工具】右侧的开关按钮为"打开"。打开后，可通过画笔调整图片的背景。调整完毕后单击【应用】按钮，如下图所示。

步骤 06 单击【应用】按钮后的效果如下图所示。另外，用户还可以调整颜色、标记等。

7.2 实战——听音乐

Windows 11给用户带来了更好的音乐体验，本节主要介绍Windows 11自带的媒体播放器的设置与使用、在线听音乐的方法、下载音乐的方法等内容。

7.2.1 媒体播放器的设置与使用

媒体播放器（Windows Media Player）作为Windows 11系统中的组件，虽然在某些方面可能不如专业的第三方播放器功能强大，但无须额外安装、兼容性好以及基本功能齐全是其明显的优势。对于大多数用户，其已经能够满足日常的媒体播放需求。

1. 播放选取的音乐

如果电脑中没有安装其他音乐播放器，则媒体播放器为打开音乐文件的默认软件，双击音乐文件即可播放，如下面的左图所示。如果选取了多个音乐文件，则需右击音乐文件，在弹出的菜单中单击【打开】选项进行播放，如下面的右图所示。

如果电脑中安装有多个音乐播放器，而用户想使用系统自带的媒体播放器，可以右击音乐文件，在弹出的菜单中单击【打开方式】▷【媒体播放器】选项，如下图所示。

2. 在媒体播放器中添加音乐

用户可以在媒体播放器中添加包含音乐的文件夹，以便快速将音乐添加到播放器中，具体操作步骤如下。

步骤01 打开媒体播放器，单击【音乐库】选项，然后单击界面中的【添加文件夹】按钮，如下图所示。

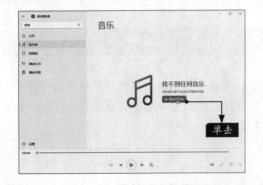

步骤02 在弹出的【选择文件夹】对话框中选择

电脑中的音乐文件夹，单击【将此文件夹添加到音乐】按钮，如下图所示。

步骤03 返回播放器，播放器会自动扫描并添加该文件夹内的音乐文件，如下图所示。

步骤04 播放器会将音乐文件按照歌曲、专辑、艺术家进行分类。将鼠标指针悬停在想要播放的音乐的名称上，该音乐的名称旁即会显示【播放】按钮▷，单击该按钮，如下页图所示。

步骤 05 所选的音乐开始播放，如下图所示。另外，用户也可以单击【随机播放】按钮，以随机播放列表中的音乐。

3.建立播放列表

用户除了可以添加文件夹外，还可以建立播放列表，以对音乐进行分类，具体操作步骤如下。

步骤 01 勾选要添加的音乐左侧的复选框，单击【添加到】按钮，在弹出的菜单中单击【新建播放列表】选项，如右上图所示。

步骤 02 弹出对话框，在文本框中输入播放列表的名称，单击【创建】按钮，如下图所示。

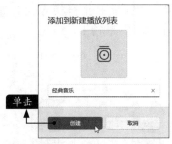

步骤 03 在播放器左侧的导航菜单中单击【播放列表】选项，将其展开，可以看到创建的播放列表，单击即可显示该播放列表，单击【全部播放】按钮即可播放音乐，如下图所示。

7.2.2 在线听音乐

用户除了可以听电脑上的音乐，也可以在线收听网上的音乐。用户可以直接在搜索引擎中查找想听的音乐，也可以使用音乐播放软件，如QQ音乐、酷我音乐、酷狗音乐、网易云音乐等在线听音乐。下面以QQ音乐为例，介绍如何在线听音乐。

步骤 01 下载并安装QQ音乐后启动该软件，进入QQ音乐的主界面，如下页图所示。

步骤 02 在【乐馆】界面中，可选择【精选】【听书】【排行】【歌手】【分类歌单】【数字专辑】【手机专享】等类别，这里选择【排行】类别，进入歌曲排行榜界面，如下图所示，然后选择【热歌榜】。

步骤 03 在音乐列表中选择要播放的音乐。单击音乐名称右侧的【播放】按钮 ▷ 即可播放相应的音乐，如下图所示；单击【全部播放】按钮，可将所有音乐添加到播放列表中并播放。

步骤 04 单击【展开歌曲详情页】按钮，即可查看歌词，如下图所示。

7.2.3　下载音乐

下面介绍在音乐软件中下载音乐的方法。

步骤 01 在音乐软件顶部的搜索框中输入要下载的音乐的名称，按【Enter】键进行搜索，然后在搜索出来的相关内容中选择要下载的音乐，单击对应音乐的【下载】按钮 ⬇，在弹出的音质选项菜单中单击要下载的音质类型，这里选择【HQ高品质】，如下图所示。

步骤 02 单击【本地和下载】选项，即可看到下载的歌曲，如下图所示。

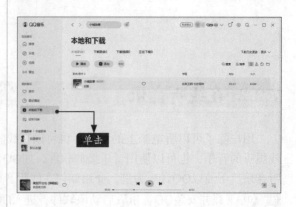

7.3 实战——看视频

随着电脑及网络的普及，越来越多的人开始在电脑上观看视频。本节主要讲解如何播放本地视频文件、在线看视频、下载视频等。

7.3.1 播放本地视频文件

在Windows 11中，默认的视频播放软件为媒体播放器，操作方法和前面介绍的播放音乐方法相似，用户双击视频文件即可播放，播放窗口如下图所示。单击窗口下方的控制按钮，可以调整视频的播放速度、声音大小、画面大小等。

小提示

由于媒体播放器支持的视频格式有限，若用户遇到无法播放的视频，可以下载其他播放软件进行播放。

7.3.2 在线看视频

用户可便捷地通过各类视频平台客户端或网页浏览器观看在线视频，常用的视频平台有爱奇艺、腾讯、优酷和芒果TV等。下面以爱奇艺为例，介绍如何在线看视频。

步骤 01 打开浏览器，在地址栏中输入爱奇艺的网址，然后按【Enter】键，进入爱奇艺主页，如下图所示。

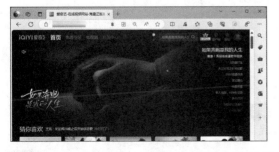

步骤 02 如果要观看特定的视频，可以在搜索框

中输入视频名称，然后在搜索结果中选择要播放的视频，如下图所示，其中有"VIP"标识的视频只有付费会员才可观看，无该标识的可免费观看。

选择后即可观看视频，如下图所示。

步骤 03 单击顶部的下拉按钮■，在弹出的导航栏中可选择要看的视频分类，如下图所示。

7.3.3 下载视频

用户可以将视频下载到电脑中，以便随时观看。下载视频的方法有多种，用户可以使用下载软件下载，也可以使用视频客户端离线下载。下面以腾讯视频客户端为例，介绍如何离线下载视频。

步骤 01 打开腾讯视频客户端，在搜索框中输入想看的视频的名称，在搜索的结果中单击要下载的视频，如下图所示。

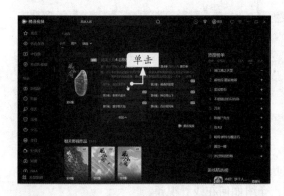

步骤 02 进入播放界面，单击【下载】按钮↓，如下图所示。

步骤 03 在弹出的对话框中，选择要下载的视频及其清晰度，然后单击【确定】按钮，如下图所示。

步骤 04 弹出下图所示的提示框，表示已成功将视频添加到下载列表。单击【关闭】按钮，可以关闭此提示框。

步骤 05 单击【查看列表】按钮即可查看下载情况，如下页图所示。

下载完成后，即可播放该视频，如右图所示。

 高手私房菜

技巧1：将iPhone中的照片通过iCloud同步到电脑照片库

开启iPhone上的iCloud功能后，手机中的照片和视频会自动上传到云端进行存储。若希望在电脑上随时查看和管理这些照片，只需进行简单的iCloud同步设置，具体操作步骤如下。

步骤 01 打开照片软件，单击窗口左上角的 按钮，如下图所示。

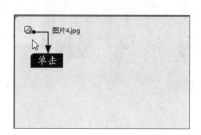

步骤 02 打开导航栏，单击【iCloud照片】选项，然后单击窗口中的【打开iCloud for Windows】按钮，如下图所示。

步骤 03 打开Microsoft Store，下载iCloud应用，然后单击【打开】按钮，如下图所示。

步骤 04 在iCloud登录界面中输入Apple账户和密码，然后单击【登录】按钮，如下图所示。

步骤 05 登录时，根据提示获取iPhone设备的允许并输入屏幕中的验证码。登录成功后，进入下页图所示的界面，勾选要同步的内容，然后单击【应用】按钮。

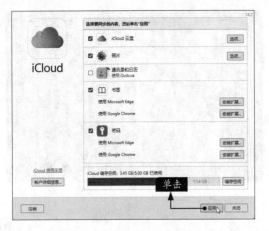

步骤 06 返回【照片】窗口，单击【iCloud照

片】选项，待同步完成后，即可看到iCloud中的照片，如下图所示。

技巧2：将视频快速转换成特定格式

视频格式转换是日常工作和生活中常见的需求，用户可以通过相关软件将视频转换为特定格式。下面以格式工厂为例，介绍格式转换的方法。

步骤 01 下载并安装格式工厂，打开该软件，进入软件主界面，单击要转换的格式，如【MP4】选项，如下图所示。

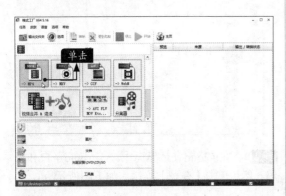

步骤 02 将要转换格式的视频拖曳到打开的对话框中，单击【确定】按钮，如下图所示。

步骤 03 单击【开始】按钮，视频开始转换，如下图所示。

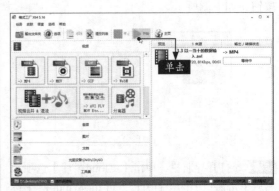

步骤 04 当【输出/转换状态】下方显示【完成】时，表示视频转换完成，如下图所示。单击【打开输出文件夹】按钮，可打开输出文件夹。

第**8**章

高效使用浏览器上网

学习目标

浏览网页是电脑应用中的一项核心功能。本章着重介绍Microsoft Edge浏览器的操作基础、浏览器收藏夹的使用以及浏览器高效使用技巧，旨在帮助读者熟练地掌握浏览器的使用方法。尽管本章以Microsoft Edge浏览器为例进行讲解，但这些方法和技巧同样适用于其他主流浏览器，具备广泛的适用性。

学习效果

8.1 实战——使用Microsoft Edge上网

Microsoft Edge是微软推出的一款轻量级的浏览器，是Windows 11的默认浏览器，其界面简洁，功能丰富，集成了AI助手、集锦、边栏、同步、隐私保护等众多功能，是浏览网页的不错选择。

8.1.1 认识Microsoft Edge

Microsoft Edge的界面设计十分具有现代感，下图所示为其主界面，主要由标签栏、工具栏、边栏和浏览区4部分组成。

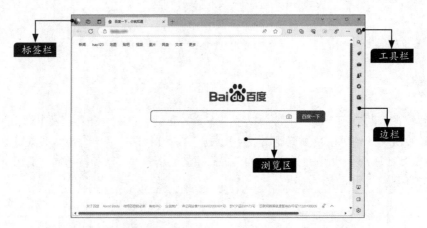

标签栏中显示当前打开的网页标签，如上图显示了百度的网页标签，单击【新建标签页】按钮➕即可新建一个标签页，如下图所示。

工具栏中包含工作区、Tab操作菜单、返回、刷新、地址栏、将此页面添加到收藏夹、分屏、集锦、浏览器概要、设置及其他等按钮。

单击【设置及其他】按钮 ⋯ ，可以打开Microsoft Edge的设置菜单，如下图所示。

单击菜单中的【设置】选项，可以进入【设置】页面，用户可在其中对浏览器进行设置，如设置整体外观、主题等，如下页图所示。

Microsoft Edge的边栏提供了多种实用功能，如Copilot、搜索、工具、游戏等。单击【Copilot】按钮 🌀，即可打开Copilot窗格，用户可以在其中与AI进行互动，如下图所示。

用户可以单击边栏中的【自动隐藏边栏】按钮 □，使边栏自动隐藏。也可以单击【设置】按钮 ⚙，打开【设置】页面，在其中对边栏进行设置，如下图所示。

单击【自定义】按钮＋，打开【自定义】窗格，如右上图所示，用户最近使用的应用会显示在【快速访问】区域中。

8.1.2 设置主页

用户可以根据需求设置启动Microsoft Edge后显示的主页，具体操作步骤如下。

步骤 01 单击【设置及其他】按钮 …，在弹出的菜单中单击【设置】选项，如下图所示。

步骤 02 打开Microsoft Edge的【设置】页面，单击【开始、主页和新建标签页】选项，然后在右侧的【Microsoft Edge启动时】区域中选中【打开以下页面】单选项，再单击【添加新页面】按钮，如下图所示。

步骤 03 弹出【添加新页面】对话框，输入要添加的网址，并单击【添加】按钮，如下图所示。

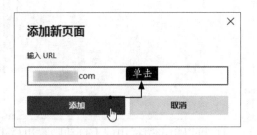

步骤 04 单击后即可看到添加的页面，如下图所示。用户也可以添加多个页面，启动浏览器时浏览器会打开添加的所有页面。

用户还可以在工具栏中添加【主页】按钮，单击该按钮即可打开设置的主页。

步骤 01 在【"开始"按钮】区域中，将【在

工具栏上显示"首页"按钮】的开关按钮设置为"开"，并在文本框中输入网址，单击【保存】按钮，如下图所示。

步骤 02 工具栏中会显示【主页】按钮，单击该按钮即可转到设置的主页，如下图所示。

8.1.3 设置地址栏的搜索引擎

用户可以在Microsoft Edge地址栏中输入网址并访问，也可以输入要搜索的关键词或其他内容进行搜索。默认搜索引擎为必应，用户可以根据需要对其进行修改，具体操作步骤如下。

步骤 01 单击【设置及其他】按钮⋯，在弹出的菜单中单击【设置】选项，如下图所示。

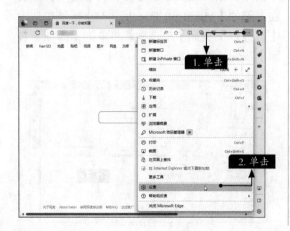

步骤 02 打开【设置】页面，单击【隐私、搜索和服务】选项，单击【服务】区域中的【地址栏和搜索】选项，如下图所示。

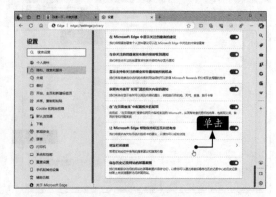

步骤 03 单击【地址栏中使用的搜索引擎。】右侧的下拉按钮，在弹出的下拉列表中选择【百度】选项，即可完成设置，如下图所示。

步骤 04 关闭【设置】页面，在地址栏中输入关键词，按【Enter】键即可查看搜索结果，如下图所示。

8.1.4 标签页的操作技巧

Microsoft Edge浏览器使用标签页显示网页。掌握其使用技巧，用户可以更加高效地使用Microsoft Edge浏览器浏览和管理网页。

1.管理多个标签页

当打开多个标签页时，可以根据需求对标签页进行切换、排序操作，还可以将标签页在新窗口中打开。

步骤 01 在浏览器中，可以通过单击标签页进行页面的切换。如果要调整其位置，可以拖曳标签页，将其向目标位置移动，如下图所示。

步骤 02 如果希望将某一标签页独立出来，可拖曳该标签页到浏览器窗口之外，释放鼠标后，该标签页就会在新的窗口中打开，如下图所示。

步骤 03 如果要将标签页合并到一个窗口中，可拖曳标签页到目标浏览器窗口中，释放鼠标后，该标签页即会显示在当前窗口中，如下图所示。

2.垂直排列标签页

用户可以将标签页垂直排列在浏览器窗口的一侧，从而节省屏幕空间，具体操作步骤如下。

步骤 01 单击标签栏中的【Tab操作菜单】按钮，在弹出的菜单中选择【打开垂直标签页】选项，如下图所示。

标签页即会靠左边栏显示，如下图所示。

步骤 02 如果要关闭垂直标签页，可以再次单击【Tab操作菜单】按钮□，在弹出的菜单中选择【关闭垂直标签页】选项，如下图所示。

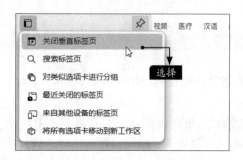

3.固定标签页

可以将常用的网站固定在标签栏中，这样它们就会一直显示并且不会被关闭。

要固定某个标签页，只需右击该标签页，在弹出的菜单中选择【固定标签页】选项，如下图所示。

4.预览标签页

将鼠标指针悬停在某个标签页上时，可以预览该标签页的内容，如右上图所示，这有助于快速查找和切换到所需的标签页。

5.使标签页静音

当某个标签页正在播放音频时，可以直接在该标签上右击，在弹出的菜单中单击【使标签页静音】选项或按【Ctrl+M】组合键，使其快速静音，如下图所示。

6.恢复关闭的标签页

如果不小心关闭了某个标签页，用户可以通过历史记录将其恢复，具体操作步骤如下。

步骤 01 单击【设置及其他】按钮…，在弹出的菜单中单击【历史记录】选项，如下图所示。

步骤 02 在弹出的【历史记录】列表中单击【最近关闭】选项，可以看到最近关闭的记录，选择要恢复的标签页，如下图所示。

所选标签页被恢复，如下图所示。

8.1.5 无痕迹浏览——InPrivate

Microsoft Edge支持无痕迹浏览。用户关闭所有InPrivate窗口后，浏览器会删除浏览数据，包括Cookie、历史记录、临时文件、表单数据及用户名和密码等。

在Microsoft Edge中单击【设置及其他】按钮 ⋯，在打开的菜单中单击【新建InPrivate窗口】选项，如下图所示。

新建的InPrivate窗口如下图所示。

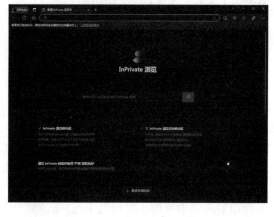

8.2 实战——浏览器收藏夹的使用

收藏夹可以用于保存和管理在互联网上发现的有用或有趣的网页链接，通过高效利用收藏夹，用户可以显著提升自己的在线浏览效率。本节以Microsoft Edge浏览器为例，详细介绍如何巧妙地使用收藏夹，这些方法同样适用于其他主流浏览器。

8.2.1 将网页添加到收藏夹

在Microsoft Edge浏览器中，将网页添加到收藏夹是一个简单而实用的操作，它允许用户快速访问喜欢的网站，而无须每次都进行搜索。

步骤01 单击地址栏中的【将此页面添加到收藏夹】按钮☆，如下图所示，或按【Ctrl+D】组合键。

步骤02 弹出【编辑收藏夹】窗格，设置网页名称，单击【文件夹】右侧的下拉按钮，在打开的下拉列表中选择网页要保存到的文件夹，然后单击【完成】按钮，如下图所示。

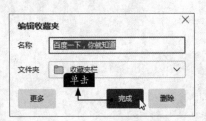

步骤03 此时，【将此页面添加到收藏夹】按钮☆变为【编辑此页面的收藏夹】按钮★，表示该网页已被收藏。单击【设置及其他】按钮…，在弹出的菜单中单击【收藏夹】选项，如下图所示。

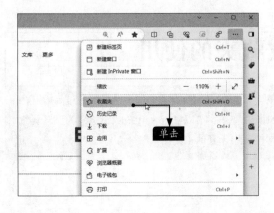

在弹出的【收藏夹】窗格中可看到收藏的网页，如下图所示。

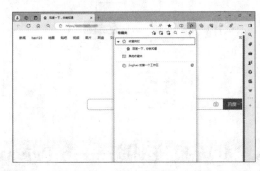

步骤04 用户还可以将打开的所有标签页保存到收藏夹中，右击任意标签页，在弹出的菜单中选择【将所有标签页添加到收藏夹】选项，如下图所示。

步骤05 弹出【将所有标签页添加到收藏夹】窗格，可将这些标签页保存到新建文件夹中，也可将其保存在现有文件夹中，最后单击【保存】按钮，如下图所示。

8.2.2 显示和隐藏收藏夹栏

显示收藏夹栏的具体操作步骤如下。

步骤 01 在【收藏夹】窗格中单击【更多选项】按钮…，在弹出的菜单中选择【显示收藏夹栏】➤【始终】选项，如下图所示。

步骤 02 地址栏下方即会显示收藏夹栏，如下图所示。单击所收藏的网页链接或指定文件夹内的页面，可迅速打开目标网页。

小提示

如果要隐藏收藏夹栏，可以单击【显示收藏夹栏】➤【从不】选项。另外，单击【在工具栏中显示收藏夹按钮】选项，可在工具栏中显示【收藏夹】按钮，以便进行收藏操作。

8.2.3 整理收藏夹

如果收藏夹中的链接较多，用户可以创建多个文件夹来对它们进行分类管理，还可以根据个人浏览习惯调整收藏夹的顺序，以便快速定位并访问常用网页，从而提升浏览效率。

步骤 01 在【收藏夹】窗格中单击【添加文件夹】按钮，如下图所示。

弹出的菜单中选择【重命名】选项，进行重命名操作。

步骤 02 此时即可在收藏夹列表中新建一个文件夹，用户可在文本框中输入文件夹名称，如右上图所示。如果无法输入，可右击文件夹，在

步骤 03 将需要分类的链接拖曳到已命名的文件夹上，然后释放鼠标即可完成分类操作，如下页图所示。

步骤 04 将其他需要归入此文件夹的链接也拖曳至该文件夹中，效果如下图所示。

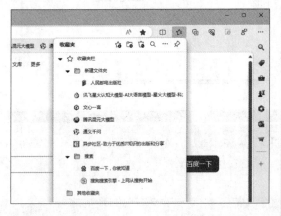

步骤 05 使用同样的方法，创建其他文件夹，并对各个链接进行分类整理，效果如下图所示。

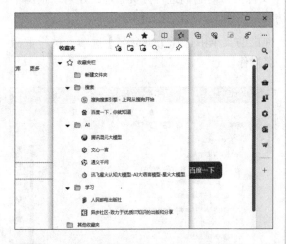

步骤 06 如果要删除多余的文件夹或链接，可右击相应的文件夹或链接，在弹出的菜单中选择【删除】选项，如右上图所示。

步骤 07 如需调整文件夹内链接的排列顺序，只需拖动相应链接至目标位置，然后释放鼠标即可，如下图所示。

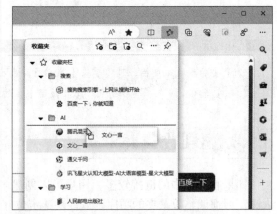

步骤 08 也可使用同样的方法重新排列文件夹的顺序。单击【展开】按钮▶或【折叠】按钮▼可以展开或收起文件夹列表，以便更加高效地进行管理，如下图所示。

8.2.4 将收藏夹导出到电脑

通过注册并使用浏览器账户，用户可以实现跨设备的收藏夹同步。另外，浏览器还支持将收藏夹导出至电脑本地存储，以便在不同浏览器间进行导入操作，从而实现收藏夹的跨平台同步。这一功能极大地方便了用户管理及访问个人收藏的内容，无论切换到何种设备或浏览器，用户都能拥有流畅的浏览体验。将收藏夹导出到电脑的具体步骤如下。

步骤01 在【收藏夹】窗格中单击【更多选项】按钮…，在弹出的菜单中选择【导出收藏夹】选项，如下图所示。

步骤02 弹出【另存为】对话框，选择要保存的位置，并设置文件名，然后单击【保存】按钮，如下图所示。

步骤03 打开相应的文件夹，即可看到保存的收藏夹文件，如下图所示。

步骤04 双击保存的收藏夹文件即可查看其中保存的链接，单击任意一个链接，即可打开相应网页，如下图所示。

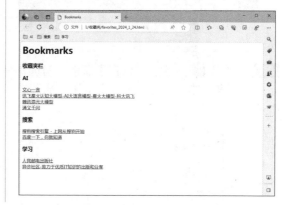

8.2.5 导入其他浏览器的书签

将其他浏览器的书签导入当前使用的浏览器的步骤如下。

步骤01 在Microsoft Edge浏览器中单击边栏底部的【设置】按钮⚙，如右图所示。

步骤02 进入【你的用户配置】页面，单击【个人资料】➤【导入浏览器数据】选项，如下图所示。

步骤03 进入【个人资料/导入浏览器数据】页面，单击【从Google Chrome导入数据】右侧的【导入】按钮，如下图所示。

步骤04 弹出【导入浏览器数据】窗格，勾选要导入的内容，然后单击【导入】按钮，如下图所示。

步骤05 此时打开收藏夹，即可看到导入的内

容，如下图所示，用户还可以对这些内容进行整理和合并。

如果所使用的浏览器不支持直接导入，则需要将该浏览器的收藏夹导出到电脑中，然后再导入当前浏览器，具体方法如下。

步骤01 在【个人资料/导入浏览器数据】页面中，单击【立即导入浏览器数据】右侧的【选择要导入的内容】按钮，如下图所示。

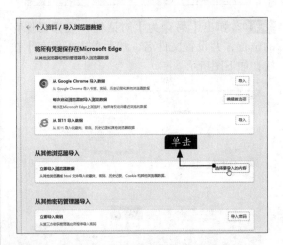

步骤02 弹出【导入浏览器数据】窗格，在【导入位置】中选择【收藏夹或书签HTML文件】，默认勾选【收藏夹或书签】复选框，然后单击【选择文件】按钮，如下图所示。

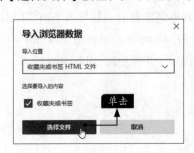

步骤 03 弹出【打开】对话框，选择要导入的收藏夹文件，然后单击【打开】按钮，如下图所示。

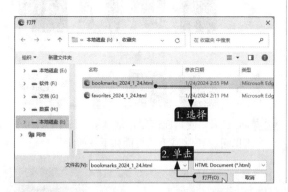

步骤 04 弹出【全部完成！】提示框，如下图所示，表示已导入完成，单击【完成】按钮，关闭提示框。

8.3 实战——浏览器高效使用技巧

本节介绍浏览器高效使用技巧，使用户能够进一步提高浏览效率和优化上网体验。

8.3.1 设置默认浏览器

当用户单击一个网址或者链接时，电脑会自动用默认浏览器来打开网页。用户可以根据自己的喜好设置默认浏览器，具体步骤如下。

步骤 01 在【设置】页面中单击【默认浏览器】选项，单击【默认浏览器】下方的【设为默认值】按钮，如下图所示。

步骤 02 弹出【设置】面板，单击【设置默认值】按钮，如下图所示。

8.3.2 调整页面大小

在浏览网页时，用户可以根据个人偏好和阅读环境来自由改变页面的大小，以提升浏览舒适度，从而获得更好的阅读体验。

步骤 01 在浏览器中，按住【Ctrl】键，然后向上滚动鼠标滚轮，即可放大页面。将页面调整到合适的大小后，释放【Ctrl】键和鼠标，放大后的页面如下图所示。

步骤 03 如果要使页面恢复正常显示，按【Ctrl+0】组合键即可，正常显示的页面如下图所示。

> **小提示**
>
> 当执行缩放操作时，页面中会显示缩放功能栏，用户可通过单击其中的按钮执行缩放操作。

步骤 02 按住【Ctrl】键，然后向下滚动鼠标滚轮，即可缩小页面，缩小后的页面如右上图所示。

8.3.3 浏览器的快捷搜索

在网页浏览过程中，遇到感兴趣或需要深入了解的文本内容时，用户可以利用浏览器的快捷搜索功能快速激活搜索引擎，以便高效地收集相关信息。快捷搜索主要有以下两种方式。

1.拖曳搜索

步骤 01 选择要搜索的文本，将其拖曳至标签栏或地址栏，如下图所示。

步骤 02 默认搜索引擎中将显示与搜索的文本相关的内容，如右上图所示。

2.右键搜索

选择要搜索的文本"GPT"，单击鼠标右键，在弹出的菜单中选择【在Web中搜索"GPT"】选项，如下页图所示。

浏览器将自动打开一个新的标签页，其中

显示了搜索结果，如下图所示。

8.3.4 清除浏览器的历史记录

为保护个人隐私，在多人共用电脑的情况下，用户可以定期清除浏览器中保存的浏览历史记录、下载历史记录以及其他活动痕迹，具体步骤如下。

步骤 01 打开浏览器的【设置】页面，单击【隐私、搜索和服务】选项，然后单击【清除浏览数据】区域中的【选择要清除的内容】按钮，如下图所示。

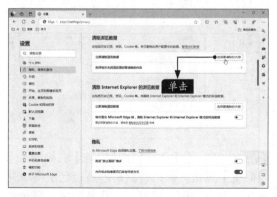

步骤 02 弹出【清除浏览数据】窗格，在【时间范围】中选择要清除的记录的时间范围，并勾选要清除的项目，然后单击【立即清除】按

钮，如下图所示。

小提示

如果仅需要删除历史记录中的某些链接，可以打开【历史记录】列表，右击需要删除的链接，在弹出的菜单中单击【删除】选项。

高手私房菜

技巧1：巧用翻译功能，轻松阅读外文网页

浏览器内置的翻译功能可以将外文内容实时转换为中文，使信息的获取更加便捷和流畅。

在打开的网页中单击地址栏中的【显示翻译选项】按钮aあ，在弹出的窗格中，可以设置要翻译为的语言，如选择【中文（简体）】，然后单击【翻译】按钮，如下页图所示。

页面内容即会以选择的语言显示，如下图所示。

技巧2：密码管理器

Microsoft Edge的密码管理器可以帮助用户保存、管理账户和密码，从而提高上网浏览和登录的便利性。

步骤 01 当首次使用账户和密码登录某个网页时，浏览器会自动保存账户和密码，如下图所示。

步骤 02 当再次登录该网站，单击账户输入框时，输入框下方会自动显示保存的账户和密码，如下图所示。单击即可将其填写到对应的输入框中，无须再输入账户和密码。

步骤 03 单击【设置及其他】按钮 ⋯，在弹出的菜单中单击【Microsoft密码管理器】选项，进入【Microsoft电子钱包】页面，可以在其中查看保存的密码，如右上图所示。单击某个站点，

可以查看具体的账户和密码信息，但需通过Microsoft安全验证。

步骤 04 单击页面中的【密码检查】右侧的【立即检查】按钮，可以检测密码是否已泄露、是否存在重复使用的情况，以及是否过于简单。一旦发现密码存在安全隐患，最好及时进行修改，以确保个人信息安全无虞。

步骤 05 另外，用户还可以根据使用情况，在【Microsoft电子钱包】的【设置】页面中关闭【自动保存密码】功能。

第**9**章

智能革命——AI的高效应用

学习目标

本章着重介绍AI在文本创作、简历制作、模拟面试、赋能工作及生成图片等方面的实用技巧。本章通过介绍多款AI大模型，为读者提供了实用的操作指南和丰富的实例，帮助读者掌握这些智能工具的应用方法，以满足读者的个性化需求，帮助读者提高生产力。

学习效果

9.1 快速了解人工智能

人工智能正以前所未有的速度发展，其应用已渗透到各个领域，并逐渐重塑我们的生活方式。在许多任务中，人工智能已经展现出强大的能力。本节主要介绍人工智能的基本概念及其是如何改变我们的工作方式的。

9.1.1 什么是AI

人工智能（Artificial Intelligence，AI）是一种让计算机具有像人一样的思考和学习能力的技术。它通过模拟人类的思维方式和行为模式，使计算机能够自主地进行推理、学习和决策。

AI可以应用于服务、工业智能、农牧业、医疗保健、金融、自动驾驶、图像识别、物联网、游戏、内容生成与推荐、语音识别、自然语言处理、计算机视觉、数据分析和预测以及机器人开发等领域。

在生活中，我们经常会遇到一些需要思考和判断的情况，比如决定去哪里旅游、选择购买哪个商品等。做出这些决策往往需要我们收集信息、分析数据。而AI就是为了让计算机也具备这样的能力而发展起来的。

举个例子，假设你想要在网上购买一件衣服。在传统的购物方式中，你需要自己搜索、比较不同商家的价格和质量等信息，然后根据自己的喜好做出选择。但是有了AI，这个过程就可以变得更加智能和便捷。

首先，你可以在搜索引擎中输入关键词"女装"，然后单击搜索按钮。搜索引擎会根据你提供的关键词和其他相关信息，自动为你推荐一系列相关的商品列表。这个过程中，搜索引擎利用了机器学习算法对大量的数据进行分析和处理，从而能够快速地找到最符合你要求的商品。

接下来，你会进入一个具体的商品页面，查看该商品的详细信息、评价等内容。在这个过程中，AI可以帮助你了解商品的特点和优势。例如，淘宝、京东等电商平台都提供了AI智能问答功能，你可以直接向AI提问，获取商品的详细信息。

最后，当你决定购买某个商品时，可以使用智能支付系统进行支付。这种系统可以通过人脸识别、指纹识别等技术来验证身份信息，并自动完成支付操作。整个过程非常快速和方便，大大提高了购物的效率。

总之，AI正在改变我们的生活和工作方式。它不仅能够帮助我们更好地处理复杂的问题，还能够为我们提供更多的便利和创新。

9.1.2 AI如何改变我们的工作方式

AI已悄然成为我们工作中的得力助手，市场上涌现出的众多AI工具，不仅极大地提升了我们的工作效率，更引领了一场工作方式的革新。这些工具不仅能简化烦琐的任务，还能帮助我们更好地发现潜在的机会。

首先，AI能减轻我们的工作负担，帮助我们实现效率的飞跃。以微软Office Copilot和WPS AI为例，它们能够自动撰写报告、分析数据、生成公式、设计幻灯片等，这不仅极大地节省了我们的时间，还为我们的工作带来了更多的可能性。下面的左图为Office Copilot界面，右图为WPS AI界面。

此外，还有图像生成工具Midjourney，它可以快速生成符合用户需求的图像，极大地提高了设计效率。还有一些生成视频的工具，如腾讯智影、剪映等，它们能够帮助用户快速生成高质量的视频内容，以满足各种营销和宣传需求。

在团队协作方面，AI的应用也颇为广泛。例如，Slack等团队沟通平台集成的AI机器人可以自动对讨论内容进行归档，从而简化信息检索过程，让团队成员能更快地找到所需资料。此外，Trello等项目管理工具采用AI来跟踪项目进度，自动更新任务状态，使项目管理更为直观。

设计师可以利用Adobe Sensei等AI工具进行自动布局和颜色匹配，从而加快设计流程，提高工作效率。而在编程领域，GitHub Copilot这样的AI辅助编码工具通过学习大量代码库，能够提供代码建议，帮助开发人员快速编写出高质量的代码。

总的来说，AI不仅提升了我们的工作效率，还让我们的协作和创新变得简单、高效。

9.2 常见的AI大模型

 AI的迅猛发展催生了许多先进的AI大模型，如ChatGPT、文心一言、讯飞星火以及通义等。这些AI大模型在自然语言处理、图像识别、语音识别和其他复杂任务中均展现出卓越的性能，本节主要介绍几种常见的AI大模型。

9.2.1 文心一言

文心一言是百度研发的知识增强大语言模型，能够与人对话和互动，协助人们进行创作，帮助人们高效、便捷地获取信息、知识和灵感。

文心一言可以根据用户的提问，快速地生成回答。另外，文心一言还可以生成文本，比如生成一篇文章或者邮件等。

在浏览器中搜索"文心一言"，进入其官网，打开使用页面。如果用户还没有百度账号，需要先注册一个账号，才能登录和使用文心一言。下页图为文心一言首页。用户可以在输入框中输入问题，与其进行对话。

文心一言提供了多种插件工具，这些插件工具可以为用户提供不同的功能，从而提升用户的工作效率和使用体验。单击输入框上方的【选择插件】按钮，即可在弹出的插件列表中选择需要的插件，如右上图所示。例如，选择【说图解画】选项后，用户可以在右侧弹出的窗格中单击【上传图片】按钮以上传图片。文心一言会基于上传的图片进行文字创作、回答问题等。此外，用户还可以单击【插件商城】按钮，选择并安装更多的插件，以满足不同的需求。

另外，单击文心一言页面右上角的【一言百宝箱】按钮，可打开一个集合了众多优质指令的界面。其中的指令涵盖不同的场景应用、不同的职业需求等，旨在帮助用户快速掌握实用技巧。无论是在工作、学习还是生活中，这些指令都能为用户提供有针对性的指导和帮助。

用户还可以在手机中下载文心一言App。

9.2.2　讯飞星火认知大模型

讯飞星火是科大讯飞自主研发的认知智能大模型，功能丰富、应用场景广泛，同样具备跨领域的知识和语言理解能力，可以为用户提供高效、便捷的智能服务，提升用户的生活质量和工作效率。

在浏览器中搜索"讯飞星火"，进入其官网，打开使用页面，如下图所示。在输入框中，用户可以插入文件、输入语音等。输入框上方提供了丰富的插件，用户可以单击使用。左侧的【助手中心】与文心一言的【一言百宝箱】类似，也包含丰富的指令。用户可以根据自己的需求选择相应的指令，以快速掌握实用技巧。

9.2.3 腾讯混元助手

混元助手是由腾讯开发的大语言模型，它能够理解用户的问题，并为用户提供相应的答案或建议。用户可以向混元助手咨询各个领域的问题，比如科学、数学、历史、文化等。它还能帮助用户翻译各种语言的文本，生成文章或故事等。

混元助手的界面很简单，主要分为两个部分：聊天框和功能区。聊天框是用户与混元助手交流的地方，用户可以通过文字或语音与其交流。功能区位于聊天框上方，包含一些常用的功能按钮。

混元助手的"灵感"功能包含工作、编程、绘画、营销、生活、角色扮演、娱乐等多个类目。

9.3 Windows中的AI助手——Copilot

Copilot是微软开发的一款人工智能助手，集成于搜索引擎必应、Microsoft Edge浏览器、办公软件Microsoft 365和操作系统Windows中，可以协助用户完成工作、进行创作，回答用户的问题等。

下面简单介绍Copilot的使用方法。

步骤 01 单击任务栏中的【Copilot】图标 ，如下图所示。

下图所示。

Copilot打开后，会贴近桌面右侧显示，如

步骤 02 在界面底部的输入框中输入问题，然后单击【提交】按钮➤，如下图所示。

步骤 03 Copilot会根据问题进行回答。界面下方还会给出一些推荐问题，如下图所示，用户可以连续提问。

步骤 04 如果需要复制回答的内容，可以单击□按钮，如下图所示。

步骤 05 Copilot还支持对图片的分析，如拖曳一张图片至输入框中，如下图所示。

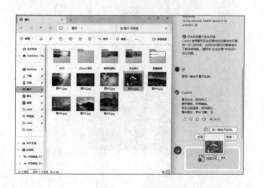

步骤 06 图片被上传到输入框。输入问题，然后单击【提交】按钮➤，如下图所示。

步骤 07 Copilot开始分析图片，并生成答案。单击下方的【停止响应】按钮，Copilot会立即停止生成答案，并结束当前的会话，如下图所示。

步骤 08 单击输入框旁的【新主题】按钮⊕，如下图所示。系统会生成一个新的对话界面，这有助于划分不同主题或问题，使得用户更容易管理和跟踪与Copilot的互动。

步骤 09 Copilot可以很好地匹配系统设置，例如输入"打开深色模式"，然后单击【提交】按钮➤，如下图所示。

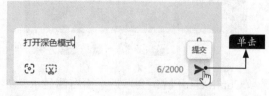

步骤 10 Copilot会询问是否要切换到深色模式，

如下图所示，单击【是】按钮。

系统开启深色模式，如下图所示。

另外，在浏览网页时可以调用Microsoft Edge浏览器中的Copilot，它不仅可以汇总正在浏览的网页中的信息，还能帮助撰写内容等。

单击Microsoft Edge浏览器边栏上的【Copilot】图标，打开Copilot窗格，在输入框中输入问题，然后单击【提交】按钮，如下图所示。

Copilot对问题进行回答，如下图所示。

通过对本节内容的学习，读者应初步了解Copilot的使用方法。实际上，大多数AI大模型，如文心一言、讯飞星火、通义、腾讯混元等，它们的操作方式大致相同。为了帮助读者更好地掌握这些大模型的使用方法，本书整理了一些普遍适用的方法和步骤。

（1）提问。用户只需在对话框内输入问题并提交，AI便会做出回应。尽量使用明确、简洁的语言，避免使用含义不清或太长的句子，因为这可能会让AI难以理解。部分AI大模型支持对提问内容的优化，用户可以尝试使用，以确保提问的准确性。

（2）连续交流。在一个会话过程中，用户可以不断地提出问题或下达指令，AI将持续提供反馈，直至对话结束。如果需要暂停或终止回复，可以单击停止响应之类的按钮。需要注意的是，对于有些问题，用户可能需要通过与AI多次交流才能得到满意的答案。

（3）反馈评价。很多AI大模型都支持用户对其回答进行评价。通过反馈，AI能够提高其答案的准确性和质量。

（4）新建对话。为了便于管理对话和保持不同主题间的边界清晰，用户可以新建对话。

（5）历史对话。所有的对话都会被记录下来，用户可以随时查看以往的交流内容，并且可以选择删除这些记录。

（6）使用预设指令。大多数AI大模型都提供了一些预设指令，以便用户快速获得所需信息或执行特定操作。

（7）图像识别与处理。部分AI大模型具备图像处理功能，可以对图像进行分析或根据用户需求生成相应的图像。

（8）自定义设置。用户可按照个人偏好调整AI的回答速度、语言风格等，以提升使用体验。

（9）数据安全。在使用AI大模型时，用户应注意保护个人隐私和数据安全，防止敏感信息泄露。

9.4 实战——AI文本创作

在文本创作方面，AI的优势尤为明显，它能够根据指令生成文章、提炼摘要、润色文本内容、生成标题等。这些功能不仅提高了创作者的工作效率，还为创作者提供了更多的创作空间。

9.4.1 用AI迅速撰写各类主题的文章

AI能根据用户提供的主题迅速生成文章。下面以写一篇"工作汇报"为例，介绍如何用AI迅速撰写文章。

需求 需要一份第1季度的工作汇报材料。

❓提问 我是一名产品经理，本季度完成了产品原型设计和UI设计，通过与市场部等部门及领导的沟通，确保了产品的开发与推广工作的顺利推进。产品在推广中，通过社交媒体、广告、线下活动等多渠道的宣传和推广，对产品的运营数据进行分析，为后续的优化和调整，提供了思路。请基于上述内容，帮我写一份2024年第1季度的工作汇报，汇报分为产品规划和设计、团队协作与沟通、市场推广与运营、总结，内容要简洁、重点突出。

AI回答
2024年第1季度工作汇报
一、产品规划和设计
在产品原型设计阶段，我们进行了多次用户调研和访谈，了解用户需求和痛点。通过分析调研数据，我们发现用户对产品的易用性和交互体验有较高的要求。因此，我们在产品原型设计中注重简洁明了的设计风格和直观的交互方式，以提高产品的易用性和用户体验。

在UI设计方面，我们注重产品的视觉效果和品牌形象。我们与设计师紧密合作，根据公司的品牌形象和市场定位，设计出一套符合用户审美和品牌定位的UI方案。通过精美的视觉设计和品牌元素的融入，我们提升了产品的吸引力和品牌形象。
二、团队协作与沟通
在团队协作方面，我积极与技术团队保持紧密合作。在产品设计和开发过程中，我与技术团队进行了多次沟通和协作，确保产品的技术实现和性能优化。通过与技术团队的紧密合作，我们成功地解决了开发过程中的技术难题，并按时完成了产品的开发和上线。

在与其他部门的沟通方面，我积极与市场部、销售部等部门保持联系。在产品推广和运营过程中，我与市场部合作制定了推广计划和营销策略，与销售部沟通了解客户需求和市场反馈。通过与其他部门的紧密合作，我们确保了产品的顺利推广和运营，并取得了良好的市场效果。

三、市场推广与运营

在社交媒体营销方面，我们通过微博、微信等社交媒体平台进行宣传和推广。我们制定了详细的社交媒体营销计划，包括内容策划、发布频率、互动策略等。通过精准的社交媒体营销，我们成功地提高了产品的知名度和曝光率，吸引了大量潜在用户。

在广告投放方面，我们选择了搜索引擎广告、社交媒体广告等多种渠道进行投放。通过对广告数据的分析和优化，我们不断调整广告策略和投放方式，以提高广告的点击率和转化率。通过广告投放的精准定位和优化策略，我们成功地提高了产品的曝光度和用户转化率。

四、总结

本季度的工作中，我们不仅完成了产品规划和设计、团队协作与沟通以及市场推广与运营等任务，还取得了显著的成果。通过深入的市场调研和数据分析、高效的团队协作和沟通以及全面的市场推广和运营策略的实施，我们成功地推动了产品的顺利发展和公司的不断进步。

通过不断的学习和实践，我积累了丰富的产品经理经验，并提升了自身的专业能力和团队协作能力。在接下来的工作中，我将继续努力提升自己的专业技能和管理能力，为公司的发展做出更大的贡献。同时，我也将不断寻找改进和提升的机会，以推动产品的持续发展和公司的不断进步。

在生成工作汇报后，用户可以继续提问，从而让生成的内容更加符合需求。例如，用户可以要求继续深入介绍某个主题，或者突出案例中的细节部分。此外，用户还可以补充一些与主题相关的内容，从而让AI更好地理解需求。

9.4.2　用AI快速提炼摘要

下面以文心一言的"览卷文档"插件为例介绍如何用AI快速提炼摘要。

步骤01 打开文心一言，单击输入框上方的【选择插件】按钮，在弹出的菜单中选择【览卷文档】选项，在弹出的界面中单击【上传文档】按钮，如下图所示。

步骤02 弹出【打开】对话框，选择要分析的文档，单击【打开】按钮，如下图所示。

上传文件后，该插件会对文档内容进行分析并生成摘要，如下页图所示。

需求 1　根据文档内容生成摘要。

? 提问

> 根据文档内容生成文章摘要。

AI 回答

> 以下是该文档的关键内容。
>
> 　　本文介绍了企业财务风险的基本概述、特性、类型以及风险管理的重要性。企业财务风险管理是外部环境变化和企业健康发展的保障。在控制财务风险方面，应遵循符合企业总目标、企业内部管理的影响、风险防范与风险处理相结合的原则。然而，我国企业存在管理系统欠缺、风险意识不强、资本结构不合理等问题，需要进行事前、事中、事后控制来降低财务风险，建立完善的财务管理体系，强化风险意识，加强财务活动的风险管理和提高财务决策的科学化水平。

　　此外，用户还可以针对文档内容提出其他问题。文心一言会根据文档内容进行回答。

需求 2　了解企业在控制财务风险方面应遵循哪些原则。

? 提问

> 企业在控制财务风险方面应遵循哪些原则？

AI 回答

> 企业在控制财务风险方面应遵循以下原则。
>
> 　　（1）目标一致原则：企业的财务风险管理应当与企业的整体战略目标保持一致，不得为了局部或部门利益而违背整体目标。
>
> 　　（2）风险防范与风险处理相结合原则：企业应采取预防性措施来降低财务风险，但同时也应制定风险应对策略，以便在风险事件发生时能够及时应对，减少损失。
>
> 　　……
>
> 　　（8）持续改进原则：企业应根据财务风险管理过程中出现的问题，不断调整和优化风险控制策略，实现持续改进。

9.4.3　用AI润色和改写文本

　　在文本内容创作中，用户可以借助AI进行润色与改写。AI能够深入理解文本的含义，并运用丰富的语言表达方式进行重新创作，使文本更加流畅、生动和富有感染力。

需求 1　改写文本。

? 提问

> 改写下面的文本，要求内容通俗易懂，但要体现文本的中心思想。
>
> 　　企业风险管理的核心是对财务风险的管理，财务风险管理的重点则是对可能出现的主要财务风险和财务危机进行预先的控制和管理，以避免由财务风险转化为财务危机和生存危机，从而使企业获得持续生存和持续发展。因此，提高对企业财务风险管理重要性的认识，加强财务风险管理的控制并采取相应的风险应对策略，对企业的健康发展具有重要的意义。

AI 回答

企业风险管理主要关注的是财务风险的管理，而财务风险管理的关键在于预先控制和管理可能出现的财务风险和财务危机，以避免财务风险演变为财务危机甚至企业生存危机。因此，提高对企业财务风险管理的认识，强化财务风险管理的控制并采取相应的风险应对策略，对企业健康持续发展具有重大意义。

需求 2 润色文本。

? 提问

润色下面的文本，要求语言简洁、结构清晰、逻辑清晰、表达准确。

企业风险管理的核心是对财务风险的管理，财务风险管理的重点则是对可能出现的主要财务风险和财务危机进行预先的控制和管理，以避免由财务风险转化为财务危机和生存危机，从而使企业获得持续生存和持续发展。因此，提高对企业财务风险管理重要性的认识，加强财务风险管理的控制并采取相应的风险应对策略，对企业的健康发展具有重要的意义。

AI 回答

企业风险管理主要关注财务风险管控。重点在于预先控制和管理可能出现的财务风险和财务危机，以避免财务风险转化为财务危机或生存危机，确保企业持续生存和发展。提高财务风险管理的认识、加强管控并采取风险应对策略对企业的健康发展至关重要。

需求 3 缩减文本字数。

? 提问

缩减下面的文本的字数，要求在100字以内。

企业风险管理的核心是对财务风险的管理，财务风险管理的重点则是对可能出现的主要财务风险和财务危机进行预先的控制和管理，以避免由财务风险转化为财务危机和生存危机，从而使企业获得持续生存和持续发展。因此，提高对企业财务风险管理重要性的认识，加强财务风险管理的控制并采取相应的风险应对策略，对企业的健康发展具有重要的意义。

AI 回答

企业风险管理主要关注财务风险，通过预先控制和管理主要财务风险和财务危机，避免财务风险转化为生存危机，确保企业持续发展。提高财务风险认识、强化管控并采取风险应对策略，对企业的健康发展至关重要。

需求 4 增加文本字数。

? 提问

丰富并扩充下面的文本，要求不少于300字。

企业风险管理的核心是对财务风险的管理，财务风险管理的重点则是对可能出现的主要财务风险和财务危机进行预先的控制和管理，以避免由财务风险转化为财务危机和生存危机，从而使企业获得持续生存和持续发展。因此，提高对企业财务风险管理重要性的认识，加强财务风险管理的控制并采取相应的风险应对策略，对企业的健康发展具有重要的意义。

AI 回答

企业风险管理的核心是对财务风险的管理，因为财务风险是企业在经营过程中面临的主要风险之一。企业可以通过有效的财务风险控制和管理来减少财务风险对企业经营的影响，从而保证企业的稳定发展。财务风险管理的重点则是对可能出现的主要财务风险和财务危机进行预先的控制和管理，以避免由财务风险转化为财务危机和生存危机，从而使企业获得持续生存和持续发展。

企业财务风险管理的重要性不言而喻，提高对企业财务风险管理重要性的认识是必要的。首先，企业应该建立完善的财务风险管理机制，包括风险识别、风险评估、风险控制和风险应对等方面。其次，企业应该加强财务风险管理的控制，建立财务风险预警机制，及时发现和解决潜在的财务风险。此外，企业还应该采取相应的风险应对策略，包括风险规避、风险转移、风险减轻和风险接受等方面，以有效地应对各种财务风险。

综上所述，企业财务风险管理对企业健康发展具有重要的意义。通过加强财务风险管理的控制并采取相应的风险应对策略，企业可以有效地减少财务风险对企业经营的影响，从而保证企业的稳定发展。同时，这也为企业提供了持续发展的保障，为企业的可持续发展提供了坚实的支撑。

9.4.4 用AI快速生成标题

AI可以快速为文档生成一个合适的标题。

需求 根据文本内容生成标题。

❓ 提问1

根据下面这段话，生成5个与内容对应的标题。

企业风险管理的核心是对财务风险的管理，财务风险管理的重点则是对可能出现的主要财务风险和财务危机进行预先的控制和管理，以避免由财务风险转化为财务危机和生存危机，从而使企业获得持续生存和持续发展。因此，提高对企业财务风险管理重要性的认识，加强财务风险管理的控制并采取相应的风险应对策略，对企业的健康发展具有重要的意义。

AI 回答1

1.企业风险管理：财务风险管理是核心
2.财务风险防范：企业生存与发展的关键
3.提升财务风险管理意识：企业持续发展的保障
4.加强财务风险控制：企业健康发展的保障
5.应对财务风险：企业战略实施的重要一环

❓ 提问2 将标题字数控制在10个字以内。

AI 回答2

1.企业风险核心是财务
2.防范财务风险保生存
3.提升风险意识促发展
4.控制财务风险保健康
5.应对风险是战略需要

9.5 实战——AI助力求职

求职者不仅可以用AI进行简历制作，还可以用AI进行模拟面试，从而提升自信，优化表现。这极大地提高了求职者的求职成功率。

9.5.1 用AI让简历脱颖而出

AI可以辅助求职者制作简历。下面以讯飞星火为例，介绍使用AI制作简历的方法。在【插件】区域中选择【智能简历】选项，如下图所示。然后在输入框中输入需求。

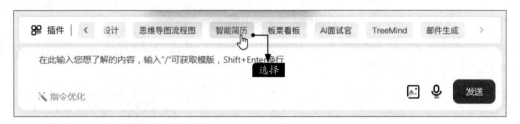

生成个人简历的提问方法可参考如下示例。

❓ 提问

> 我叫张小小，137××××××××，zh1××××@163.com，××大学，学士，2019年9月—2023年6月；获得国家奖学金；2022.07—2023.12，在××公司实习做技术；熟悉Java、Python、C++；曾获得学校科技创新大赛二等奖。请帮我生成一份简历模板。

AI 回答

> 【个人信息】
> 姓名：张小小　联系方式：137××××××××　邮箱：zh1××××@163.com
> 【教育背景】
> 学校：××大学　　　　　　　专业：学士
> 时间：2019年9月—2023年6月　荣誉：国家奖学金
> 【实习经历】
> 公司：××公司
> 职位：技术实习生
> 时间：2022.07—2023.12
> 工作内容：负责市场调研、推广策划、客户关系维护等
> 【技能】
> 1.熟练掌握Java、Python、C++等编程语言
> 2.熟悉数据结构、算法等基础知识
> 3.具备扎实的数学、统计学基础
> 4.曾获得学校科技创新大赛二等奖
> 【荣誉与奖励】
> 学校科技创新大赛二等奖：这个奖项证明了我在科技创新方面的能力和潜力。
> 【自我评价】
> 我是一个积极进取、勤奋刻苦的人，对新知识和新技术充满热情。我有很强的学习能力和适应能力，能够在压力下工作，并且具有良好的团队合作精神。
> 【期望职位】
> 寻求与我的技能和经验相匹配的职位，包括但不限于软件开发、数据分析等。

此外，用户还可以补充一些信息或提出更具体的需求，使AI生成的简历与自己的要求相符。

9.5.2 AI模拟面试，助力成功拿下Offer

通过与AI进行模拟面试，求职者可以练习回答真实面试中的常见问题，掌握沟通技巧，并获得即时反馈和个性化建议。这种面试准备方式不仅可以增强求职者的自信，还可以提高求职者的面试成功率。

下面以讯飞星火为例，介绍"AI面试官"的使用方法。

步骤01 打开讯飞星火，在【插件】区域中选择【AI面试官】选项，如下图所示。

步骤02 弹出【上传简历】对话框，根据上传文件的要求，将个人简历文件拖曳至对话框的上传区域，如下图所示。

步骤03 上传成功后，选择面试类型，然后单击【开始面试】按钮，如下图所示。

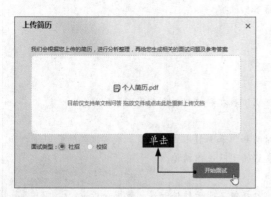

步骤04 返回讯飞星火页面，AI即会根据简历文件自动生成相关的面试问题，并提供参考答案，如右上图所示。

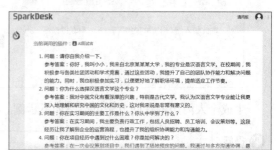

步骤05 如果对问题或参考答案不满意，还可以在问题输入框中输入具体的要求，然后单击【发送】按钮，如下图所示。

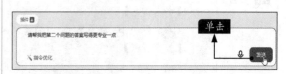

AI即会根据要求给出回答，如下图所示。

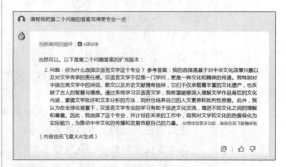

步骤06 在所有提问结束后，还可以让AI针对前面的回答进行点评，并以此优化回答，如下图所示。

9.6 实战——AI赋能工作

AI无论是在邮件处理、流程图设计，还是在思维导图制作方面，都有极好的表现。本节将深入探讨AI如何赋能工作，提升工作效率。

9.6.1 AI高效快速撰写商务邮件

AI能够高效、快速地生成专业、高质量的商务邮件，从而节省用户的时间、提高用户的工作效率，并确保信息的准确传递。

提问 1

你是我的邮件助手，我是一名市场经理，需要给客户写一封关于"年终大促订购活动"的邮件，邮件内容为 2024 年 1 月 10 日，活动安排，要求"表达热情、吸引客户、内容简洁"，具体方案见附件。

AI 回答 1

主题：【重要通知】2024年年终大促订购活动火热来袭！

尊敬的客户，

您好！首先感谢您在过去的一年里对我们公司的支持与信任。我们非常高兴地宣布，即将在2024年1月10日举办一场盛大的"年终大促订购活动"！

这场活动将为您带来前所未有的购物体验，让您在享受优质产品的同时，还能享受到超值的优惠和惊喜福利。为了让您更好地了解本次活动，我们特此准备了以下精彩内容：

【活动时间】

2024年1月10日，不容错过！

【活动内容】

全年最低价：在活动期间，我们将为您呈现全年最低价的产品，让您买到真正超值的好物。

订购满额赠品：只要您的订单金额达到指定要求，即可获得丰厚的赠品。

会员专属福利：会员用户还将享受到更多专属福利，敬请期待！

【温馨提示】

请提前做好购物准备，避免活动当天因流量过大导致购物不顺畅。

为了方便您更好地参与活动，我们还准备了一份详细的【活动方案】，请您务必查阅。我们相信，在这次活动中，您一定能够收获到满满的惊喜和满足！

如果您有任何疑问或建议，请随时联系我们的客服团队。我们将竭诚为您服务，确保您在活动期间享受到最优质的服务。

再次感谢您对我们公司的支持与信任。期待在2024年年终大促订购活动中与您相见！让我们一起迎接美好的新年！

热情的问候，

[您的名字]

[市场经理]

[公司名称]

虽然这封邮件较为真诚，但是内容较多，用户可以再次提问，使其更简洁。

❓ 提问2	内容过多，要简洁、正式。

| AI 回答2 | 标题：2024年1月10日年终大促订购活动安排

正文：

尊敬的客户，

您好！我是您的市场经理。很高兴在此通知您，我们即将在2024年1月10日举行年终大促订购活动。

此次活动的安排如下：

日期：2024年1月10日

内容：所有商品将享受至少20%的折扣优惠

目标：感谢您过去一年的支持，并希望在新的一年里继续与您合作

我们相信这次活动将为您提供一个极好的机会，以优惠的价格购买到高质量的产品。我们期待您的参与，并期望通过这次活动进一步加强我们的合作关系。

如果您有任何疑问或需要进一步的信息，请随时与我联系。我非常愿意为您提供帮助。

附件中包含了详细的活动方案，请您查阅。

谢谢您的关注和支持！期待在活动中见到您。

顺祝商祺，

[你的名字]

市场经理 |

9.6.2 AI回复邮件

在面对客户或领导发送的邮件时，如果感到困惑，不知如何恰当地回复，可以借助AI。通过分析邮件的内容，AI能够提供合适的回复建议。

| ❓ 提问 | 下面是一封客户发来的"催促发货"邮件，请根据邮件内容为我提供回复模板，阐述原因是本地交通限制，会在3天后安排发货。邮件内容如下。

尊敬的 ×× 有限公司，

我希望您一切都好。

我们于 2024 年 1 月 1 日下的订单，订单编号为 12345678，至今尚未发货。我们急需这些货物以继续我们的业务。

请您确认发货日期并告知我们。如果您需要任何其他信息或文件，请尽快告知。

期待您的回复。

谢谢。

张三

总经理

×× 商贸公司 |

| AI 回答 | 尊敬的张三总经理，

您好！感谢您对我们公司的关注和支持。我非常理解您对订单的迫切需求，并深感抱歉因为本地交通限制导致您的订单延迟发货。

经过与相关部门的沟通和协调，我很高兴地告诉您，我们将在3天后安排发货。我们深知这对您的业务可能造成的影响，因此我们将尽一切努力确保货物能够尽快到达您的手中。

为了加快发货进程，请您确认以下信息：

1.收货地址是否仍然有效？如果有任何变更，请及时告知我们。

2.是否有任何其他特殊要求或注意事项需要我们注意？如果有，请在回复中详细说明。

如果您需要提供任何其他信息或文件以加快发货进程，请随时告知我们。我们将尽快处理并提供所需的支持。 |

再次对给您带来的不便表示诚挚的歉意，并感谢您对我们理解和耐心等待。我们将竭尽全力确保您的订单能够按时送达，并为您提供最优质的服务。

期待您的回复。

谢谢。

祝商祺!

小小

市场部经理

××有限公司

9.6.3 用AI绘制客户订单处理流程图

本小节将用AI绘制客户订单处理流程图，具体操作步骤如下。

步骤01 打开讯飞星火，在【插件】区域中选择【思维导图流程图】选项，在输入框中输入流程图的绘制需求，然后单击【发送】按钮，如下图所示。

步骤02 讯飞星火会根据需求绘制客户订单处理流程图，如下图所示。

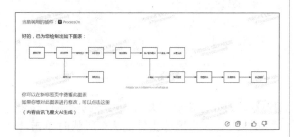

步骤03 单击图片下方的超链接，即可跳转到"Process On"网站。用户登录网站后，即可看到讯飞星火生成的流程图，如下图所示，用户可以在网页中修改流程图的内容。

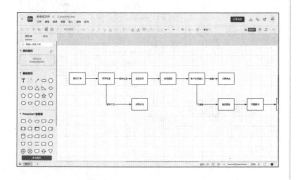

步骤04 单击页面右上角的【AI助手】按钮，打开【AI助手】窗格，可以选择一种流程图类型，然后输入要绘制的内容，单击▷按钮，如下图所示。

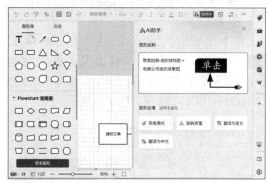

步骤05 如果要对该流程图进行美化，可以单击窗格中的【风格美化】按钮，如下图所示。

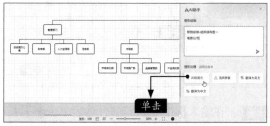

步骤06 用户还可以选择流程图的不同版本，选择后，单击【确认使用】按钮，如下页图所示。

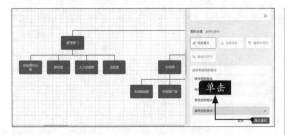
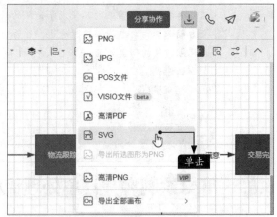

步骤 07 完成流程图的绘制后，可单击页面右上角的【下载】按钮⤓进行下载。在弹出的菜单中选择要下载的格式，这里选择【SVG】格式，如右图所示。

小提示

SVG是可缩放的矢量图形格式，它基于XML，可以用文本编辑器打开，且可以无损缩放，还可以插入Word、Excel、PPT中。

9.6.4 用AI绘制产品营销策略思维导图

本小节将用AI绘制产品营销策略思维导图，具体操作步骤如下。

步骤 01 打开文心一言，单击输入框上方的【选择插件】按钮，在弹出的菜单中选择【TreeMind树图】选项，如下图所示。

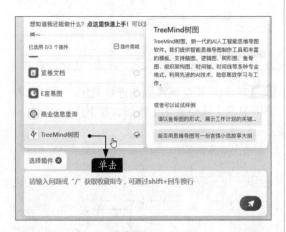

步骤 02 在输入框中输入需求，然后单击 ✈ 按钮，如下图所示。

AI即可根据需求生成思维导图，效果如右上图所示。

步骤 03 如果想要查看大图，可将鼠标指针移至思维导图上，当鼠标指针变为🔍形状时单击。如果要对思维导图进行修改，可单击右下方的【编辑】按钮，打开树图页面，如下图所示。

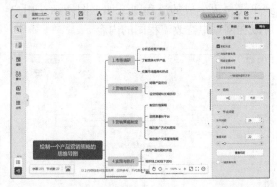

步骤 04 此时，用户即可对思维导图进行修改，如修改样式、骨架、配色等。如果要将思维导图保存到电脑中，可单击右上角的【导出】按钮，如下图所示。

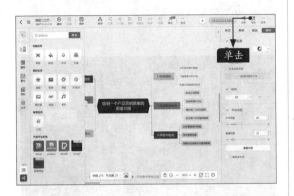

步骤 05 在弹出的对话框中选择要导出的格式，这里选择【透明底PNG】格式，如下图所示。

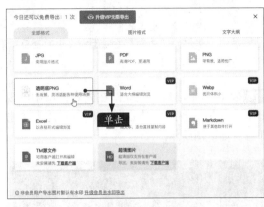

9.7 实战——AI一键生成图片

　　AI可以根据用户提供的提示词或指定的风格，生成相应的图片。本节以百度"文心一格"为例，介绍如何用AI绘图。

步骤 01 打开"文心一格"平台，进入【AI创作】页面，选择【AI创作】选项，在输入框中输入提示词，然后设置【画面类型】【比例】【数量】参数，单击【立即生成】按钮，如下图所示。

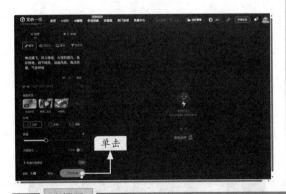

　　AI开始生成图片，并在窗口中显示进度，如下图所示。

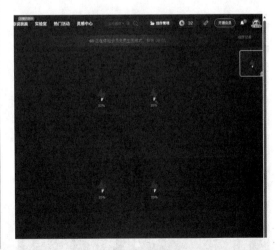

> **小提示**
>
> 　　在AI绘画中，我们可以通过提示词（Prompt）来告诉AI生成什么样的图片。为了更精准地传达需求，我们可以按照"画面主体+细节词+风格修饰词"的结构来组织提示词。例如，本例中的画面主体为神龙腾飞；细节词为祥云缭绕，大面积留白，色彩鲜艳，细节精致；风格修饰词为油画风格，高清质量，气氛神秘。这样的提示词可以让AI更容易理解我们的需求，并绘制出符合要求的图片。
>
> 　　如果不知道如何组织提示词，可以向AI语言模型，如文心一言、讯飞星火等描述需求。让AI语言模型根据需求，生成AI可以理解的提示词，再将其复制到输入框中。

画面类型：用于设置图片的风格，如果不清楚，可以选择【智能推荐】选项。
比例：分为竖图、方图和横图3种，选择需要的画面尺寸即可。
数量：用于设置生成的图片数量，最多可设置为9张。
文心一格中的"电量"类似于平台中的金币，是用于购买各种服务的虚拟货币。

步骤 02 图片生成后，会立即在内容窗口中展现出来，如果需要查看某张图片，在图片上单击即可，如下图所示。

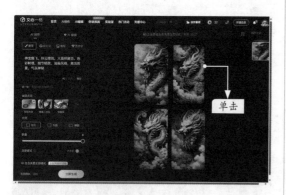

步骤 03 单击【编辑本图片】按钮，如下图所示，在弹出的菜单中，可以对图片进行编辑，如图片叠加、涂抹编辑、涂抹消除、提升分辨率和图片扩展。单击其中的选项即可进入相应的编辑页面。

步骤 04 如果需要将图片下载到电脑中，可以单击右侧的【下载】按钮，如右上图所示。另外，还可以进行分享、放入收藏夹、添加标签、删除等操作。

用户还可以通过【自定义】模式实现图生图，具体步骤如下。

步骤 01 在【AI创作】选项下单击【自定义】按钮，在输入框中输入提示词，并根据需求选择AI画师，如这里选择【二次元】。在【上传参考图】区域中，可从【我的作品】或【模板库】中选择参考图，这里单击【模板库】，如下图所示。

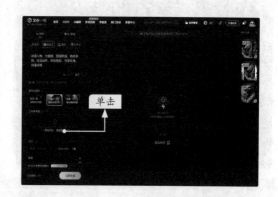

步骤 02 弹出对话框，在【模板库】区域中选择要作为参考的图片，然后单击【确定】按钮，如下页图所示。

步骤 03 上传参考图后，可拖曳滑块调整影响比重，然后设置尺寸和数量，如下图所示。

步骤 04 还可以设置其他选填参数，如画面风格、修饰词、艺术家、不希望出现的内容，然后单击【立即生成】按钮，如右上图所示。

AI即可根据提示词及参数生成图片，效果如下图所示。

高手私房菜

技巧：AI辅助记录会议内容

在以往，我们通常使用笔记本或录音设备来记录会议内容，然后在会后花费大量时间整理这些信息。这种方式不仅效率低下，而且容易遗漏重要细节。而使用AI技术，我们可以将会议内容实时转写，并提取出其中的关键词和关键信息。

阿里云推出的"通义"智能助手支持将音、视频转换为文字形式，其使用方法如下。

步骤 01 在浏览器中搜索"通义"，并进入其官网，然后使用支付宝、钉钉手机App或者手机号码登录该平台。单击左侧菜单栏中的【效率】按钮，在右侧功能区中单击【工具箱】➤【上传音视频】选项，如下页图所示。

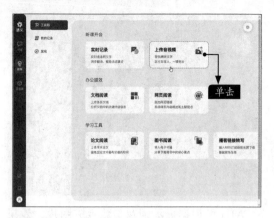

步骤 02 弹出【上传本地音视频文件】对话框，可拖曳音视频文件至上传区域，如下图所示。

步骤 03 上传音视频文件后，在右侧的设置区域设置语言、翻译及是否区分发言人等，单击【开始转写】按钮，如下图所示。

右上角会显示转写状态及进度，如下图所示。

步骤 04 转写完成后，单击【立即查看】选项，如下图所示。

转写的内容如下图所示，包含关键词、全文概要、章节速览等。还可以在右侧窗格中书写想法。

步骤 05 单击【发言总结】选项，可以查看不同发言人的结论，如下图所示。另外，用户还可以单击右上角的【AI改写】按钮，使用AI对原文内容进行精简和改写。

第 10 章

WPS文字——文字的处理与排版

学习目标

　　WPS Office的文字组件（WPS文字）专注于文字的处理和编辑，提供全面的文档制作、编辑、排版和整理功能。使用WPS文字，用户可以便捷地输入、编辑文本，提高工作效率。另外WPS文字还具有智能排版功能，可以满足不同用户的排版需求。

学习效果

10.1 实战——制作公司内部通知

通知是学校、公司等经常用到的一种知照性公文。公司内部通知是一种仅限于公司内部，为说明某一项活动或决策制定的文件，常用的通知有会议通知、比赛通知、放假通知、任免通知等。

10.1.1 创建并保存文字文档

在制作公司内部通知前，需要先创建一个文字文档，具体操作步骤如下。

步骤 01 打开WPS Office，单击【新建】按钮，弹出【新建】窗格，单击【Office文档】区域中的【文字】选项，如下图所示。

> **小提示**
>
> 单击标签栏中的＋按钮或右侧的下拉按钮，也可执行新建操作。

步骤 02 打开【新建文档】标签页，单击【空白文档】缩略图，如下图所示。

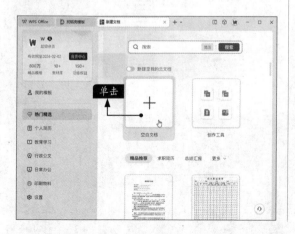

> **小提示**
>
> 用户还可以在下方的模板区域创建在线模板，并通过左侧或顶部的分类选项，查看更多的在线模板。

创建了一个名为"文字文稿1"的空白文档，如下图所示。

步骤 03 新建空白文档后，如果要保存该文档，可以单击【保存】按钮，如下图所示，或按【Ctrl+S】组合键。

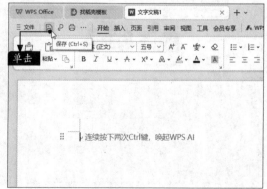

步骤 **04** 弹出【另存为】对话框，选择保存路径，在【文件名称】文本框中输入"公司内部通知"，并单击【保存】按钮，如下图所示。

返回文字文稿工作界面，当前文档即被保存为"公司内部通知"，如下图所示。

10.1.2 设置文本字体

字体的设置将直接影响观者的阅读体验，美观大方的文本可以给人以简洁、清新、赏心悦目的感觉。

步骤 **01** 打开"素材\ch10\公司内部通知.txt"，将全部内容复制到新建的文档中，如下图所示。

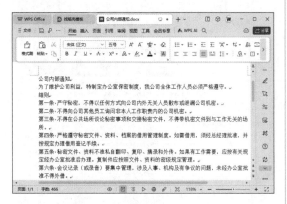

步骤 **02** 选中"公司内部通知"文本，单击【开始】选项卡下的【字体】下拉按钮，选择要设置的字体，如设为"华文楷体"，如下图所示。

步骤 **03** 将【字号】设为"二号"，并设置其"加粗"和"居中对齐"显示，如下图所示。

步骤 **04** 设置"细则"和"责任"的【字体】为"华文楷体"，【字号】为"小三"，并设置其"加粗"和"居中对齐"显示，如下图所示。

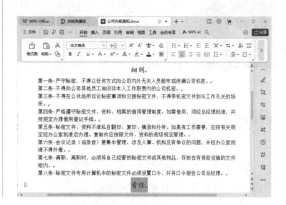

10.1.3 设置文本的段落样式

段落样式是指段落的格式。本小节主要讲解如何设置段落的缩进、行距等。

步骤 01 选中正文第一段内容，单击【开始】选项卡下的【段落】按钮，如下图所示。

步骤 02 弹出【段落】对话框。设置【特殊格式】为"首行缩进"，【度量值】为"2字符"，【行距】为"1.5倍行距"，单击【确定】按钮，如下图所示。

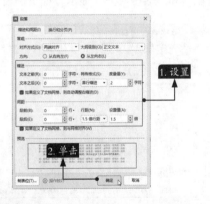

设置后的效果如下图所示。

步骤 03 使用同样的方法设置其他段落的格式，按【Ctrl+S】组合键保存，最终效果如下图所示。

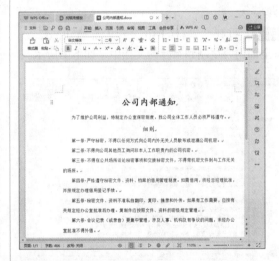

10.2 实战——制作公司宣传彩页

制作宣传彩页时要根据公司的性质确定主体色调和整体风格，这样才能更好地突出主题、吸引消费者。

10.2.1 设置页边距

页边距有两个作用：一是便于装订，二是可使文档更加美观。页边距包括上、下、左、右边距以及页眉和页脚距页边界的距离，可按照以下步骤设置页边距。

步骤01 新建空白文字文档，并将其另存为"公司宣传彩页.docx"，如下图所示。

步骤02 单击【页面】选项卡，分别在【上】

【下】【左】【右】输入框中，设置数值为"2cm"，如下图所示。

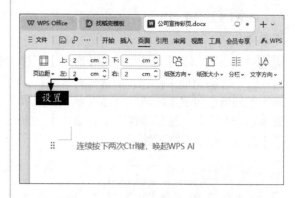

10.2.2 设置纸张的方向和大小

纸张的方向和大小会影响文档的打印效果，因此设置合适的纸张方向和大小在公司宣传彩页的制作过程中非常重要，具体操作步骤如下。

步骤01 单击【页面】选项卡下的【纸张方向】下拉按钮，在弹出的下拉列表中可以设置纸张方向为【横向】或【纵向】，这里选择【横向】选项，如下图所示。

步骤02 单击【纸张大小】下拉按钮，在弹出的下拉列表中可以选择纸张的大小。如果想自定义纸张的大小，可选择【其他页面大小】选项，如下图所示。

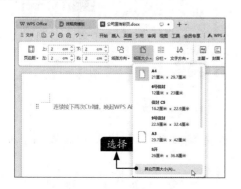

步骤03 弹出【页面设置】对话框，在【纸张】选项卡下的【纸张大小】区域中，将【宽度】设置为"32厘米"，高度设置为"24厘米"，单击【确定】按钮，如下图所示。

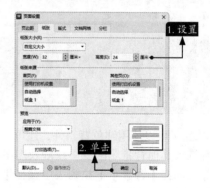

设置后的效果如下图所示。

10.2.3 设置页面背景

在WPS文字文档中可以设置页面背景，如设置纯色背景、图片背景、渐变背景等，使文档更加美观。

步骤 01 单击【页面】选项卡下的【背景】下拉按钮，在弹出的下拉列表中选择背景颜色，该下拉列表中包含主题颜色、标准色、渐变填充及稻壳渐变色，这里选择【主题颜色】下方的【浅蓝】选项，如下图所示。

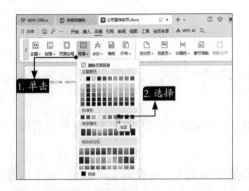

页面背景显示为浅蓝色，如下图所示。

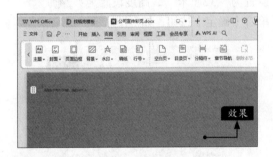

步骤 02 除了可以使用纯色背景外，还可以使用图片背景、其他背景（渐变、纹理及图案）、水印等。如在【背景】下拉列表中选择【其他背景】➤【渐变】选项，如下图所示。

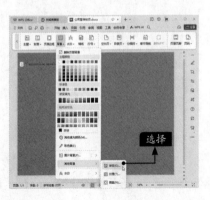

步骤 03 弹出【填充效果】对话框，选中【双色】单选项，分别设置右侧的【颜色1】和【颜色2】。这里将【颜色1】设置为"刚蓝，着色1，淡色80%"，【颜色2】设置为"白色"，如下图所示。

步骤 04 在下方的【底纹样式】区域中选中【角部辐射】单选项，并选择一个变形样式，然后单击【确定】按钮，如下图所示。

设置渐变填充后的页面效果如下页图所示。

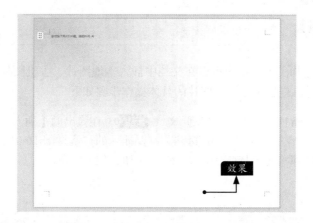

10.2.4 使用艺术字美化宣传彩页

艺术字是具有特殊效果的字体，它不是普通的文字，而是图形对象，用户可以像处理其他图形那样对其进行处理。使用WPS文字的插入艺术字功能可以制作出美观的艺术字。

创建艺术字的具体操作步骤如下。

步骤01 单击【插入】选项卡下的【艺术字】下拉按钮，在弹出的下拉列表中选择一种艺术字样式，如下图所示。

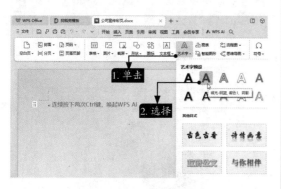

文档中出现"请在此放置您的文字"艺术字文本框，如下图所示。

步骤02 在艺术字文本框中输入"××电器销售公司"，如下图所示。

步骤03 将鼠标指针放置在艺术字文本框上，拖曳文本框，将艺术字调整至合适的位置，如下图所示。

10.2.5 插入图片

图片可以使文档更加美观。用户可以在文档中插入本地图片、手机图片，还可以插入图库图片。在文档中插入保存在电脑硬盘中的图片的具体操作步骤如下。

步骤 01 打开"素材\ch10\公司宣传彩页文本.docx"，将其中的内容复制至"公司宣传彩页.docx"文档中，并根据需要调整字体、段落格式，如下图所示。

步骤 02 将光标定位于要插入图片的位置，单击【插入】选项卡下的【图片】下拉按钮，在弹出的下拉列表中单击【本地图片】选项，如下图所示。

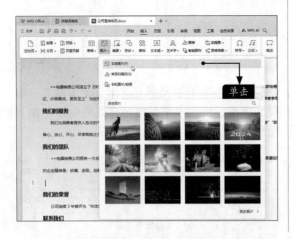

步骤 03 在弹出的【插入图片】对话框中选择需要插入的"素材\ch10\01.png"，单击【打开】按钮，如下图所示。

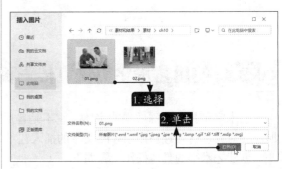

文档中光标所在的位置就插入了选择的图片，如下图所示。

10.2.6 设置图片的格式

图片插入文档后，其格式不一定符合要求，这时就需要对图片的格式进行适当的设置。

1. 调整图片的大小及位置

插入图片后可以根据需要调整图片的大小及位置，具体操作步骤如下。

步骤 01 选中插入的图片，将鼠标指针放在图片4个角的控制点上，当鼠标指针变为↖形状或↗形状时，拖曳控制点以调整图片的大小，效果如下图所示。

小提示

在【图片工具】选项卡的【形状高度】和【形状宽度】文本框中可以精确调整图片的大小，如下图所示。

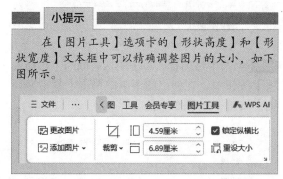

步骤 02 将光标定位至该图片后面，插入"素材\ch10\02.png"，并参考上述步骤调整图片的大小，效果如下图所示。

步骤 03 选中插入的两张图片，将它们设置为居中对齐，如下图所示。

步骤 04 将光标定位于两张图片的中间，按【空格】键，使两张图片间留有空白，如下图所示。

2. 美化图片

插入图片后，用户还可以调整图片的颜色、设置艺术效果、修改图片的样式，使图片更美观。美化图片的具体操作步骤如下。

步骤 01 选中要编辑的图片，单击右侧任务窗格中的【对象美化】按钮，弹出【对象美化】窗格，单击【边框】选项卡下的 筛选 按钮进行筛选，然后选择要应用的边框，并拖曳【边框粗细】右侧的滑块，调整边框粗细，如下图所示。

步骤 02 使用同样的方法，为第二张图片设置边框效果，如下图所示。

10.2.7 插入图标

用户可以根据需要在文档中插入系统自带的图标，具体步骤如下。

步骤01 将光标定位在标题前，单击【插入】选项卡下的【图标】按钮，如下图所示。

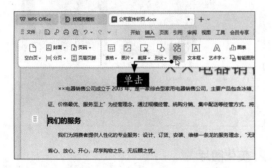

步骤02 弹出【图库】对话框，单击【图标】选项卡，可以在顶部选择图标的分类，在下方浏览并选择对应分类的图标。也可以通过搜索进行查找，如在文本框中输入"服务"，然后单击【搜索】按钮 Q，在结果中选择要插入的图标，单击【立即使用】按钮，如下图所示。

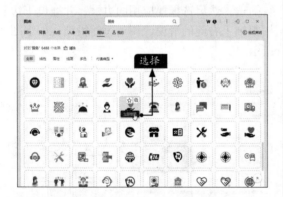

所选图标被插入光标所在位置如下图所示。

步骤03 选中插入的图标，将鼠标指针放置在图标右下角的控制点上，当鼠标指针变为 ↖ 形状时，拖曳控制点以调整其大小，如下图所示。

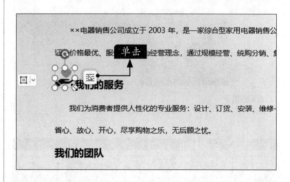

步骤04 选中该图标，单击图标右侧的【布局选项】按钮，在弹出的菜单中单击【紧密型环绕】按钮，如下图所示。

步骤05 选中图标，单击【图形工具】选项卡下的【图形填充】下拉按钮，在弹出的下拉列表中选择要填充的颜色，如下图所示。

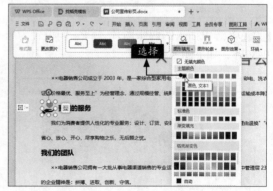

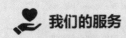

如果是线条图标，可以通过【图形轮廓】按钮来设置图标的线条颜色。

填充颜色后的图标如下图所示。

步骤 06 使用同样的方法，为其他标题插入图标，图标设置完成后，可根据情况调整文档的细节并保存，最终效果如下图所示。

10.3 实战——毕业论文排版

读者在排版毕业论文时需要注意，文档中同一类别的文本的格式要统一，不同层级的内容要有明显的区分，对同一级别的段落应设置相同的大纲级别，此外某些页面还需要单独显示。

下图所示为常见的毕业论文结构。

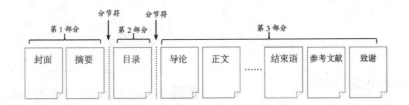

10.3.1 为标题和正文应用样式

排版毕业论文时，通常需要先制作毕业论文封面，然后为标题和正文内容设置并应用样式。

1. 设计毕业论文封面

在排版毕业论文时，需要先设计封面，具体步骤如下。

步骤 01 打开"素材\ch10\毕业论文.docx"，将光标定位至文档的最前面，单击【插入】选项卡下的【分页】下拉按钮，在弹出的下拉列表中选择【分页符】选项，如右图所示。

步骤 02 在新创建的空白页中输入学校信息、个人介绍和指导教师姓名等，如下图所示。

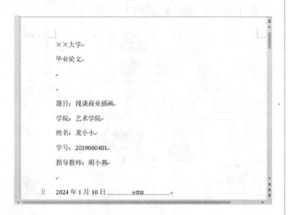

步骤 03 为不同的信息设置不同的样式，如下图所示。

2. 设置和应用毕业论文的样式

毕业论文通常会要求统一样式，需要根据学校提供的样式信息进行统一设置。

步骤 01 选中需要应用样式的文本，单击【开始】选项卡下的【样式和格式】按钮，如下图所示。

步骤 02 弹出【样式和格式】窗格，单击【新样式】按钮，如下图所示。

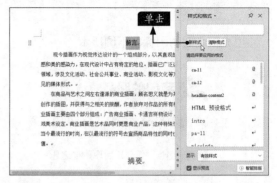

步骤 03 弹出【新建样式】对话框，在【属性】区域的【名称】文本框中输入新建样式的名称，例如输入"论文标题1"，在【格式】区域中设置字体样式，如下图所示。

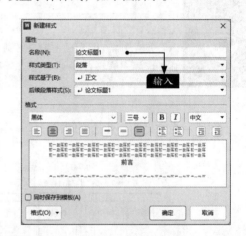

步骤 04 单击左下角的【格式】按钮，在弹出的下拉列表中选择【段落】选项，如下图所示。

步骤 05 打开【段落】对话框，根据要求设置段落样式，在【缩进和间距】选项卡下的【常

规】区域中单击【大纲级别】下拉按钮，在弹出的下拉列表中选择【1级】选项，然后设置【间距】区域中的参数，设置完成后，单击【确定】按钮，如下图所示。

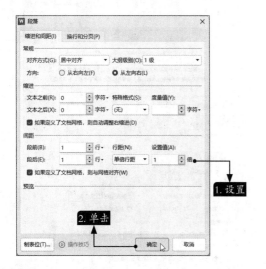

步骤06 返回【新建样式】对话框，在其中预览样式效果，单击【确定】按钮，如下图所示。

在【样式和格式】窗格中可以看到创建的新样式，文档中所选文本已应用该样式，如下图所示。

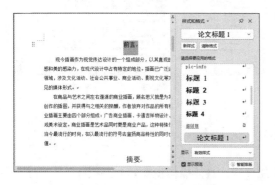

步骤07 选中其他需要应用该样式的段落，单击【样式和格式】窗格中的【论文标题1】样式，即可应用该样式，如下图所示。

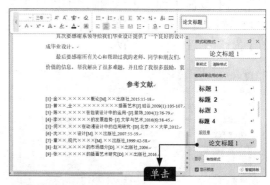

步骤08 使用同样的方法，创建"论文标题2"样式，设置【字体】为"黑体"，【字号】为"小三"；设置【大纲级别】为"2级"，【段前】为"1"行，【段后】为"1"行，【行距】为"单倍行距"，【设置值】为"1"倍，如下图所示。

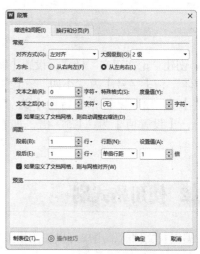

步骤 09 创建"论文标题3"样式，设置【字体】为"宋体"，【字号】为"四号"，并设置【加粗】效果；设置【大纲级别】为"3级"，【段前】为"0.5"行，【段后】为"0.5"行，【行距】为"单倍行距"，【设置值】为"1"倍，如下图所示。

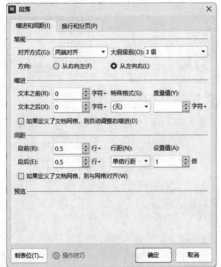

步骤 10 创建"论文正文"样式，设置【字体】为"宋体"，【字号】为"小四"；设置【首行缩进】为"2"字符，【行距】为"1.5倍行距"，【设置值】为"1.5"倍，如右上图所示。

步骤 11 为标题及正文应用创建的样式，最终效果如下图所示。

10.3.2 使用格式刷

在编辑长文档时，用户可以使用格式刷快速应用样式，具体操作步骤如下。

步骤01 选中"参考文献"下的第一行文本，单击【开始】选项卡下的【字体】按钮↘，打开【字体】对话框，设置【中文字体】为"宋体"，【西文字体】为"Times New Roman"，【字形】为"常规"，【字号】为"五号"，单击【确定】按钮，如下图所示。

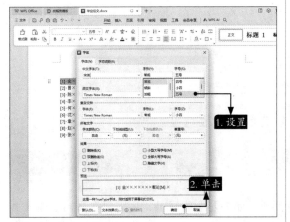

步骤02 字体格式设置完成后，单击【开始】选项卡下的【格式刷】按钮，如下图所示。

小提示

单击【格式刷】按钮，可执行一次样式复制操作；如果需要大量复制样式，则需双击该按钮，鼠标指针旁会一直存在一个小刷子，若要取消操作，单击【格式刷】按钮或按【Esc】键即可。

步骤03 鼠标指针变为形状，选中其他要应用该样式的段落，如下图所示。

将该样式应用至其他段落的效果如下图所示。

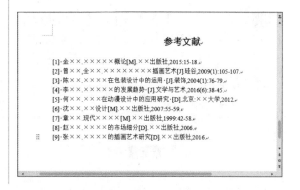

10.3.3 插入分页符

在排版毕业论文时，有些内容需要另起一页显示，如前言、摘要、结束语、参考文献、致谢词等，这可以通过插入分页符来实现，具体操作步骤如下。

步骤01 将光标置于"致谢词"前，单击【插入】选项卡下的【分页】按钮，如下图所示。

"致谢词"及其下方的内容会另起一页显示，如下图所示。

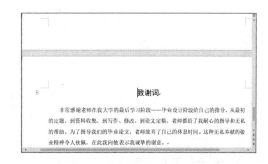

步骤 02 使用同样的方法，为前言、摘要、结束语及参考文献等设置分页。为结束语设置分页后的效果如下图所示。

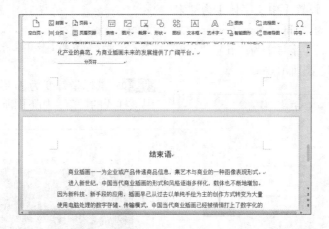

10.3.4 设置页眉和页码

毕业论文通常需要插入页眉，使其看起来更美观。如果要生成目录，还需要在文档中插入页码。设置页眉和页码的具体操作步骤如下。

步骤 01 单击【插入】选项卡下的【页眉页脚】按钮 □ 页眉页脚 ，如下图所示。

步骤 02 在【页眉页脚】选项卡下勾选【首页不同】和【奇偶页不同】复选框，在奇数页页眉中输入相应内容，根据要求设置字体样式，并设置其居左显示，如下图所示。

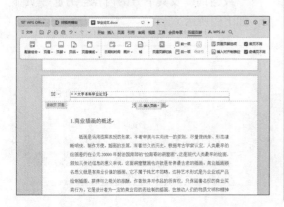

步骤 03 在偶数页页眉中输入相应内容，设置字体样式，并设置其居右显示，如下图所示。

步骤 04 将鼠标指针移至页脚处，单击【插入页码】按钮，在弹出的界面中，选择页码样式、位置及应用范围，然后单击【确定】按钮，如下图所示。

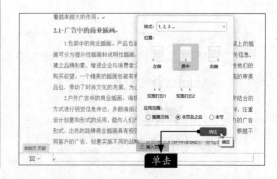

页码被插入页脚位置，如下图所示。

步骤 05 单击【页眉页脚】选项卡下的【关闭】按钮⊠，如下图所示。

页眉和页码效果如下图所示。

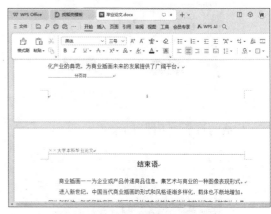

10.3.5 生成并编辑目录

生成并编辑目录的具体操作步骤如下。

步骤 01 将光标定位至文档第2页最前面的位置，单击【插入】选项卡下的【空白页】按钮，如下图所示。

步骤 02 即可添加一个空白页，在其中输入"目录"，并根据需要设置字体和段落格式，如下图所示。

步骤 03 执行换行操作，单击【引用】选项卡下的【目录】下拉按钮，在弹出的下拉列表中选择【自定义目录】选项，如下图所示。

步骤 04 弹出【目录】对话框，在【制表符前导符】下拉列表中选择一种样式，设置【显示级别】为"3"，在【打印预览】区域中可以看到设置的效果。各项设置完成后，单击【确定】按钮，如下页图所示。

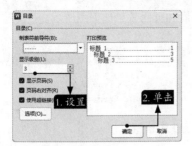

生成的目录如下图所示。

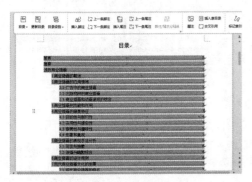

步骤 05 可以删除不需要在目录中显示的标题，然后选中目录文本，根据要求设置目录的字体和段落样式，效果如下图所示。

完成毕业论文的排版，最终效果如下图所示。

 高手私房菜

技巧1：解决输入文字时后面的文字自动删除的问题

在编辑文字文档时，可能会遇到输入一个字符，其后方的一个字符就会被自动删除，连续输入多个字符，则会删除其后方的多个字符的情况。这是由于当前文档处于改写模式。按【Insert】键切换至插入模式，即可正常输入文本内容。

也可以在状态栏中单击鼠标右键，在弹出的菜单中，确保【改写】命令为【关闭】状态，如果【改写】右侧显示为"开启",则单击【改写】命令即可将其关闭,如下图所示。

技巧2:删除页眉中的分隔线

在添加页眉时,经常会看到自动添加的分隔线,删除该分隔线的具体操作步骤如下。

双击页眉位置,进入页眉编辑状态,将光标定位在页眉处,并单击【页眉页脚】选项卡下的【页眉横线】下拉按钮,在弹出的下拉列表中选择【删除横线】选项,如下图所示。

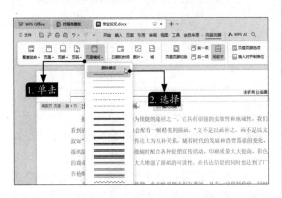

页眉中的分隔线被删除,如下图所示。

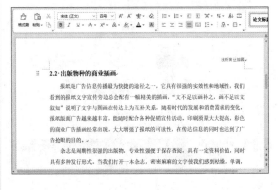

技巧3:智能排版,一键搞定各类格式的文档

WPS文字具有智能排版功能,能够帮助用户快速、高效地完成文档排版工作。使用内置的常用文档格式,用户可以轻松实现快速排版,提高工作效率。同时,为了满足不同用户的需求,WPS文字还支持格式参考范文的上传,让用户能够更加灵活地调整文档格式,以符合特定的排版要求。

该功能仅限WPS Office会员使用,下面介绍其使用方法。

步骤01 打开素材文件,单击【开始】选项卡下的【样式和格式】按钮 ↘,如下图所示。

步骤 02 弹出【样式和格式】窗格，单击下方的【智能排版】按钮，如下图所示。

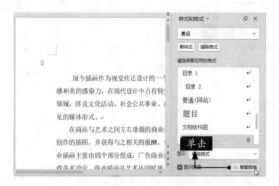

步骤 03 弹出【智能排版】对话框，可以根据需求选择要应用的排版格式，这里单击【论文】上的【开始排版】按钮，如下图所示。

小提示

如果有格式参考范文，可单击底部的【上传范文排版】超链接，将范文上传。WPS文字将根据格式参考范文进行自动排版。范文中只能保留排版的基本要素，其他多余的内容需要删除。

步骤 04 打开【论文排版】对话框，用户可以在搜索框中搜索所在院校的论文排版格式，也可以直接单击【省心排版】区域中的按钮。这里单击【本科毕业论文】上的【开始排版】按钮，如下图所示。

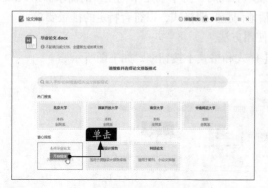

步骤 05 提示"排版成功"后，单击【预览结果】按钮，如下图所示。

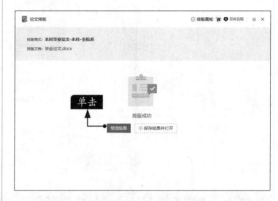

打开【排版结果预览】对话框，可以看到原文档和结果文档的对比效果，如下图所示。

步骤 06 确认排版格式无问题后，可单击【保存结果并打开】按钮对结果文档进行保存，打开该文档查看效果，如下图所示。此时，用户可根据需求对格式进行微调，并提取目录等。

WPS表格——数据的整理与分析

学习目标

　　WPS表格是WPS Office的一个重要组成部分，主要用于处理电子表格。用户可以利用WPS表格高效地完成各种表格的制作，并进行复杂的数据计算和分析，从而大大提高数据处理的效率。

学习效果

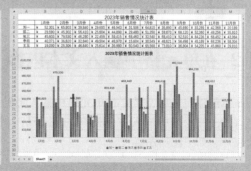

11.1 实战——制作员工考勤表

员工考勤表是办公常用的表格，用于记录员工每天的出勤情况，也是计算员工工资的参考依据。考勤表包括员工迟到、早退、旷工、病假、事假、休假等信息。本节将介绍如何制作一个简单的员工考勤表。

11.1.1 新建工作簿

在使用WPS表格时，需要先创建一个工作簿，具体操作步骤如下。

步骤 01 启动WPS Office，在打开的界面中单击【新建】按钮，弹出【新建】窗格，然后单击窗格中的【表格】选项，如下图所示。

步骤 02 在【新建表格】标签页中单击【空白表格】缩略图，如下图所示。

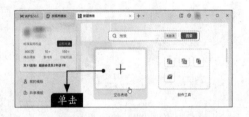

WPS表格会自动创建一个名为"工作簿1"的工作簿，如下图所示。

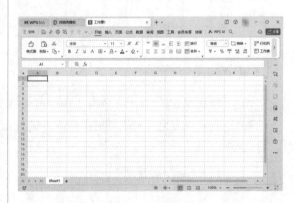

> **小提示**
>
> 如果窗口中已打开了一个工作簿，可以按【Ctrl+N】组合键或单击【文件】▶【新建】▶【新建】选项，创建一个新的工作簿。

11.1.2 在单元格中输入文本内容

工作簿创建完成后，需要在单元格中输入考勤表的相关内容，如标题、表头等。

步骤 01 在A1单元格中输入"2023年12月份员工考勤表"，如下图所示。

A1		fx	2023年12月份员工考勤表		
	A	B	C	D	E	F
1	2023年12月份员工考勤表					
2						
3						
4						
5						
6						
7						
8						

步骤 02 在对应单元格中分别输入下图所示的内容。

	A	B	C	D	E	F
1	2023年12月份员工考勤表					
2	序号	姓名	日期		1	2	3
3			星期	五	六	日
4						
5						
6						
7						
8						
9						
10						

步骤 03 选择D2:F3单元格区域，将鼠标指针移到该单元格区域右下角的填充柄上，如下图所示。

步骤 04 向右拖曳填充柄，填充至数字31，即AH列，如下图所示。

11.1.3 调整单元格

在制作考勤表时，为了使数据能在一张纸上打印出来，需要合理地调整行高、列宽及单元格显示内容，必要时需要合并多个单元格。

步骤 01 选择C列~AH列，单击【开始】选项卡下的【行和列】下拉按钮，在弹出的下拉列表中单击【最适合的列宽】选项，如下图所示。

列宽调整后的效果如下图所示。

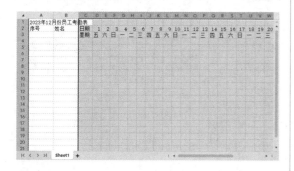

步骤 02 选择A1:AH1单元格区域，单击【开始】选项卡下的【合并】下拉按钮 合并 ，在

弹出的下拉列表中单击【合并居中】选项，如下图所示。

所选的单元格区域被合并为一个单元格，且其中的文字居中对齐，如下图所示。

步骤 03 使用同样的方法，合并A2:A3、B2:B3、A4:A5和B4:B5单元格区域，将鼠标指针移到A4:B5单元格区域右下角的填充柄上，如下图所示。

步骤 04 拖曳填充柄至第17行，如下图所示。

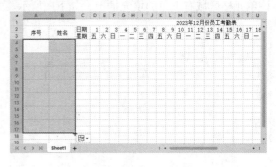

11.1.4 填充其他数据

考勤表的基本框架已经搭建好了，此时我们可以根据需要填充其他数据。

步骤 01 选择A4:A17单元格区域，单击【开始】选项卡下的【单元格格式：数字】按钮↘，如下图所示。

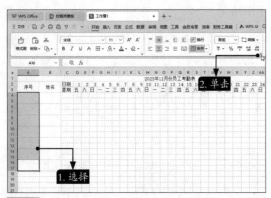

步骤 02 打开【单元格格式】对话框，在【数字】选项卡中选择【文本】选项，并单击【确定】按钮，如下图所示。

小提示

输入以"0"开头的数据时，需要将单元格的数字格式设置为文本，否则开头的数值"0"会被省略。

步骤 03 在A4单元格中输入序号"001"，然后向下进行递增填充，如下图所示。

步骤 04 在"姓名"列中输入员工姓名，如下图所示。

步骤 05 分别在C4和C5单元格中输入"上午"和"下午",并使用填充柄向下填充,如下图所示。

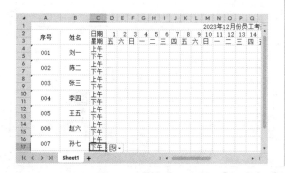

步骤 06 在A18单元格中输入"备注",然后合并B18:AH18单元格区域,并输入下图所示的备注内容。

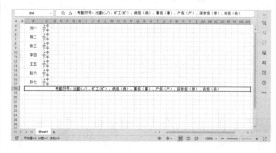

11.1.5 美化单元格

基础考勤表创建完成后,为了使其更好看,可以对单元格的字体、单元格格式、表格填充效果等进行设置。

步骤 01 选择A1单元格,设置标题字体为"楷体""加粗",字号为"18",颜色为"蓝色",如下图所示。

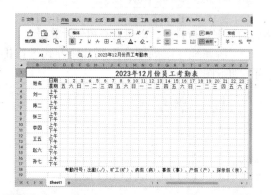

步骤 02 选择A2:AH17单元格区域,将对齐方式设置为"居中",并将A2:AH3单元格区域的字体设置为"黑体"。使用同样的方法设置其他单元格区域的字体和对齐方式,如下图所示。

步骤 03 选择A2:AH18单元格区域,单击【开始】选项卡下的【所有框线】下拉按钮田·,在弹出的下拉列表中单击【所有框线】选项,如下图所示。

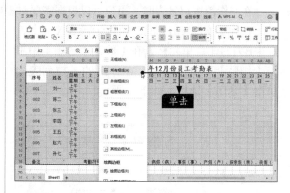

步骤 04 为所选单元格区域添加边框线。适当调整行高和列宽,效果如下图所示。

步骤 05 单击左上角的【保存】按钮,如下页图所示,或按【Ctrl+S】组合键。

保存到的文件夹，并输入文件名称，然后单击【保存】按钮，如下图所示。

步骤 06 弹出【另存为】对话框，可以选择要

11.2 实战——制作汇总销售记录表

本节主要介绍销售记录表中数据的排序、分类汇总及隐藏等操作。

11.2.1 对数据进行排序

在制作销售记录表时，用户可以根据需要对表格中的数据进行排序，以便查阅和分析数据。

打开"素材\ch11\汇总销售记录表.xlsx"，选中B列的任意单元格，在【数据】选项卡中单击【排序】下拉按钮，在弹出的下拉列表中单击【升序】选项，如下图所示。

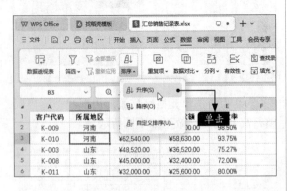

"所属地区"列即会按照升序方式进行排列，如下图所示。

	A	B	C	D	E	F	G
1	客户代码	所属地区	发货额	回款额	回款率		
2	K-001	安徽	¥75,620.00	¥65,340.00	86.41%		
3	K-006	安徽	¥75,621.00	¥75,000.00	99.18%		
4	K-007	安徽	¥85,230.00	¥45,060.00	52.87%		
5	K-014	安徽	¥75,264.00	¥75,000.00	99.65%		
6	K-003	山东	¥48,520.00	¥36,520.00	75.27%		
7	K-008	山东	¥45,000.00	¥32,400.00	72.00%		
8	K-011	山东	¥32,000.00	¥25,600.00	80.00%		
9	K-009	河南	¥53,200.00	¥52,400.00	98.50%		
10	K-010	河南	¥62,540.00	¥58,630.00	93.75%		
11	K-002	湖北	¥36,520.00	¥23,510.00	64.38%		
12	K-004	湖北	¥56,800.00	¥54,200.00	95.42%		
13	K-005	湖北	¥76,203.00	¥62,000.00	81.36%		
14	K-012	湖北	¥45,203.00	¥43,200.00	95.57%		
15	K-013	湖北	¥20,054.00	¥19,000.00	94.74%		

小提示

本章中表格内的数据以千分位分隔符","来标示的数据，其作用是划分数值中的千位数，增强数据的可读性，财务数据及统计数据较为常用。

11.2.2 数据的分类汇总

分类汇总是先对数据表中的数据进行分类，然后在分类的基础上进行汇总的操作。分类汇总时，用户不需要创建公式，WPS表格会自动创建公式，对数据表中的数据进行求和、求平均值和求最大值等运算。分类汇总的计算结果将分级显示出来。具体操作步骤如下。

步骤 01 选中任意单元格，单击【数据】选项卡下的【分类汇总】按钮，如下图所示。

步骤 02 弹出【分类汇总】对话框，单击【分类字段】下拉按钮，在弹出的下拉列表中单击【所属地区】选项，如下图所示。

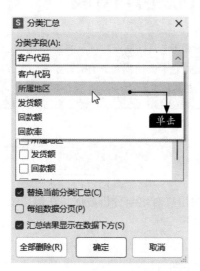

步骤 03 在【选定汇总项】列表中勾选【发货额】和【回款额】复选框，取消勾选【回款率】复选框，单击【确定】按钮，如下图所示。

销售记录表分类汇总的结果如下图所示。

客户代码	所属地区	发货额	回款额	回款率
K-001	安徽	¥75,620.00	¥65,340.00	86.41%
K-006	安徽	¥75,621.00	¥75,000.00	99.18%
K-007	安徽	¥85,230.00	¥45,060.00	52.87%
K-014	安徽	¥75,264.00	¥75,000.00	99.65%
	安徽 汇总	¥311,735.00	¥260,400.00	
K-003	山东	¥48,520.00	¥36,520.00	75.27%
K-008	山东	¥45,000.00	¥32,400.00	72.00%
K-011	山东	¥32,000.00	¥25,600.00	80.00%
	山东 汇总	¥125,520.00	¥94,520.00	
K-009	河南	¥53,200.00	¥52,400.00	98.50%
K-010	河南	¥62,540.00	¥58,630.00	93.75%
	河南 汇总	¥115,740.00	¥111,030.00	
K-002	湖北	¥36,520.00	¥23,510.00	64.38%
K-004	湖北	¥56,800.00	¥54,200.00	95.42%
K-005	湖北	¥76,203.00	¥62,000.00	81.36%
K-012	湖北	¥45,203.00	¥43,200.00	95.57%
K-013	湖北	¥20,054.00	¥19,000.00	94.74%
	湖北 汇总	¥234,780.00	¥201,910.00	
	总计	¥787,775.00	¥667,860.00	

步骤 04 选中任意单元格，单击【数据】选项卡下的【分类汇总】按钮，弹出【分类汇总】对话框。在【汇总方式】下拉列表中选择【平均值】选项，取消勾选【替换当前分类汇总】复选框，单击【确定】按钮，如下图所示。

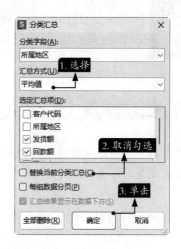

得到多级分类汇总结果，如下图所示。

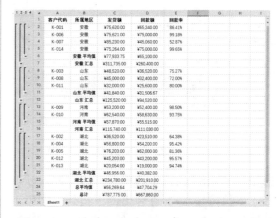

步骤 05 如果销售记录太多，可以将部分结果隐

藏。如将"安徽"的汇总结果隐藏，单击"安徽"销售记录左侧的 **-** 按钮，如下图所示。

隐藏"安徽"的3级数据的效果如下图所示。

11.3 实战——制作销售情况统计图表

销售情况统计图表是市场营销中常用的一种分析工具，能反映产品的销售情况，可以帮助销售人员做出正确的决策，管理者也可以通过它了解销售人员的销售业绩。本节以制作销售情况统计图表为例，帮助读者熟悉图表的制作方法。

11.3.1 创建图表

图表可以非常直观地反映数据之间的关系，从而方便用户对比与分析数据。在销售情况统计表中，图表是最为常用的分析工具之一。具体操作步骤如下。

步骤01 打开"素材\ch11\销售情况统计表.xlsx"，选中A2:M7单元格区域，如下图所示。

步骤02 单击【插入】选项卡下的【插入柱形图】下拉按钮 ，在弹出的下拉列表中单击【簇状柱形图】按钮 ，然后选择一种图表样式，如下图所示。

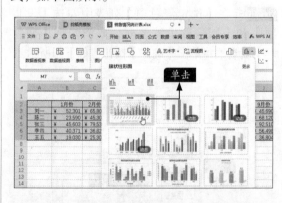

> **小提示**
>
> 单击【全部图表】按钮 ，可以打开【图表】对话框，在其中查看并选择更多类型的图表。

单击后，插入的柱形图如下图所示。

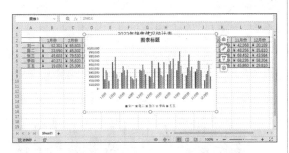

步骤 03 将鼠标指针移至柱形图上，此时鼠标指针变为十字形状，拖曳图表以调整其位置，如下图所示。

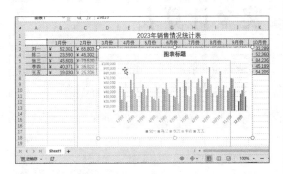

步骤 04 将鼠标指针移至柱形图右下角的控制点上，鼠标指针变为形状，如下图所示。

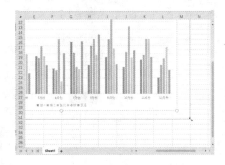

步骤 05 向下拖曳控制点，即可对柱形图的大小进行调整，如下图所示。

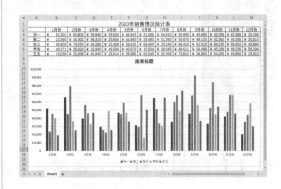

11.3.2 美化图表

为了使图表更美观，用户可以设置图表的样式。

步骤 01 选中图表，单击【图表工具】选项卡下的按钮，在弹出的下拉列表中选择一种样式，如下图所示。

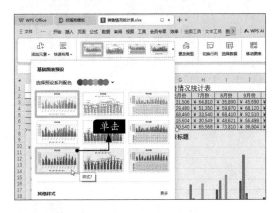

应用所选样式后的图表如右上图所示。

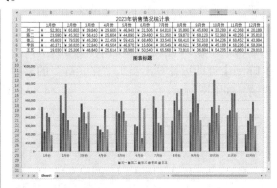

步骤 02 选择要添加数据标签的分类，如选择"刘一"，单击【图表工具】选项卡下的【添加元素】下拉按钮，在弹出的下拉列表中单击【数据标签】➤【数据标签外】选项，如下页图所示，即可添加数据标签。

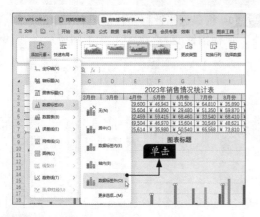

销售情况统计图表"，并设置其样式，效果如下图所示。

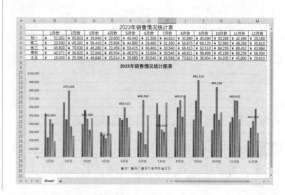

步骤 03 在【图表标题】文本框中输入"2023年

11.4 实战——制作业绩奖金计算表

业绩奖金计算表是公司根据每位员工每月或每年的销售业绩制作的计算月奖金或年终奖的表格。销售业绩越好，公司获得的利润就越高，员工得到的业绩奖金也就越多。

11.4.1 使用【SUM】函数计算累计业绩

【SUM】函数是最常用的函数之一，主要用于计算所选单元格的数值之和，在本案例中主要用于计算员工的累计业绩。

步骤 01 打开"素材\ch11\业绩奖金计算表.xlsx"，其中包含3个工作表，分别为"业绩管理""业绩奖金标准""业绩奖金评估"。单击"业绩管理"工作表。选中单元格C3，在编辑栏中输入公式"=SUM(D3:O3)"，按【Enter】键即可计算出员工"张光辉"的累计业绩，如下图所示。

步骤 02 利用自动填充功能计算出其他员工的累计业绩，如下图所示。

11.4.2　使用【VLOOKUP】函数计算销售业绩和累计业绩

　　【VLOOKUP】函数是一个常用的查找函数，给定一个查找目标，它就可以从查找区域中找到指定的值。本案例主要使用【VLOOKUP】函数进行快速查找，完成对销售业绩和累计业绩的计算。

步骤01 单击"业绩奖金标准"工作表，如下图所示。

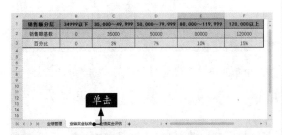

步骤02 设置自动显示销售业绩。单击"业绩奖金评估"工作表，选中单元格C2，在编辑栏中输入公式"=VLOOKUP(A2,业绩管理!$A$3:$O$11,15,1)"，按【Enter】键确认，单元格C2中将自动显示员工"张光辉"12月份的销售业绩，如下图所示。

步骤03 选中单元格E2，在编辑栏中输入公式"=VLOOKUP(A2,业绩管理!$A$3:$C$11,3,1)"，按【Enter】键确认，单元格E2中将自动显示员工"张光辉"的累计业绩，如下图所示。

步骤04 使用自动填充功能，完成其他员工的销售业绩和累计业绩的计算，如下图所示。

小提示

　　公式"=VLOOKUP(A2,业绩管理!$A$3:$O$11,15,1)"中第三个参数设置为"15"，表示取满足条件的记录在"业绩管理!$A$3:$O$11"区域中第15列的值。

11.4.3　使用【HLOOKUP】函数计算奖金比例

　　【HLOOKUP】函数与【VLOOKUP】函数属于同一类函数，【HLOOKUP】是按行查找的，【VLOOKUP】是按列查找的，本案例主要用【HLOOKUP】函数计算员工的奖金比例。

步骤01 选中单元格D2，在编辑栏中输入公式"=HLOOKUP(C2,业绩奖金标准!$B$2:$F$3,2)"，按【Enter】键即可计算出员工"张光辉"的奖金比例，如下页图所示。

步骤 02 使用自动填充功能，完成其他员工的奖金比例的计算，如右图所示。

小提示

公式"=HLOOKUP(C2,业绩奖金标准!$B$2:$F$3,2)"中第三个参数设置为"2"，表示取满足条件的记录在"业绩奖金标准! $B$2:$F$3"区域中第2行的值。

11.4.4 使用【IF】函数计算基本业绩奖金和累计业绩奖金

【IF】函数是最常用的函数之一，它能够进行逻辑值和实际内容之间的比较。在本案例中，【IF】函数用于判断员工的奖金获得情况。

步骤 01 计算基本业绩奖金。在"业绩奖金评估"工作表中选中单元格F2，在编辑栏中输入公式"=IF(C2<=400000,C2*D2,"48000")"，按【Enter】键确认，单元格F2中将自动显示员工"张光辉"的基本业绩奖金，如下图所示。

步骤 03 使用类似的方法计算累计业绩奖金。选择单元格G2，在编辑栏中输入公式"=IF(E2>600000,18000,5000)"，按【Enter】键，即可计算出该员工的累计业绩奖金，如下图所示。

步骤 02 使用自动填充功能，完成其他员工的基本业绩奖金的计算，如下图所示。

步骤 04 使用自动填充功能，完成其他员工的累计业绩奖金的计算，如下图所示。

11.4.5　计算业绩总奖金

如果要计算的数据不多，可以使用简单的公式快速得到结果，如本案例中计算业绩总奖金时，仅有两项数据相加，使用公式极为方便，具体操作步骤如下。

步骤 01 在单元格H2中输入公式"=F2+G2"，按【Enter】键确认，即可计算出该员工的业绩总奖金，如下图所示。

步骤 02 使用自动填充功能，计算出所有员工的业绩总奖金，如下图所示。

至此，业绩奖金计算表制作完成，保存该工作簿即可。

高手私房菜

技巧1：使用【Ctrl+Enter】组合键批量输入相同数据

在WPS 表格中，如果要输入大量相同的数据，为了提高输入效率，除了可以使用自动填充功能外，还可以使用下面介绍的组合键，具体操作步骤如下。

步骤 01 在工作表中选中要输入数据的单元格区域，并在其中输入数据，如下图所示。

步骤 02 按【Ctrl+Enter】组合键，即可在所选单元格区域中输入同一数据，如下图所示。

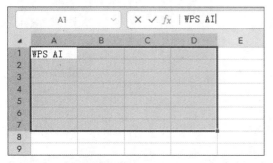

技巧2：输入带有货币符号的金额

输入的数据为金额时，需要设置单元格格式为"货币"，如果输入的数据不多，可以直接在单元格中输入带有货币符号的金额。

步骤 01 选中任意单元格，按【Shift+4】组合键，单元格中出现货币符号，继续输入金额数值，如下图所示。

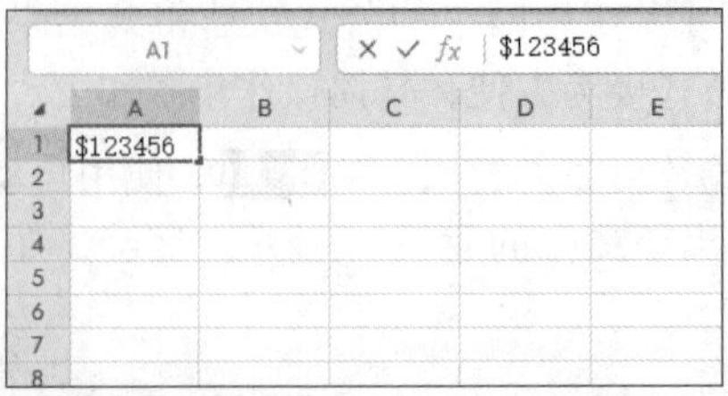

	A	B	C	D	E
1	$123456				
2					
3					
4					
5					
6					
7					
8					

小提示

这里的"4"为键盘中字母键上方的数字键，而非小键盘中的数字键。在英文输入状态下，按【Shift+4】组合键，会出现"$"，在中文输入状态下，则会出现"￥"。

步骤 02 按【Tab】键或【Enter】键确认，适当调整列宽，最终效果如下图所示。

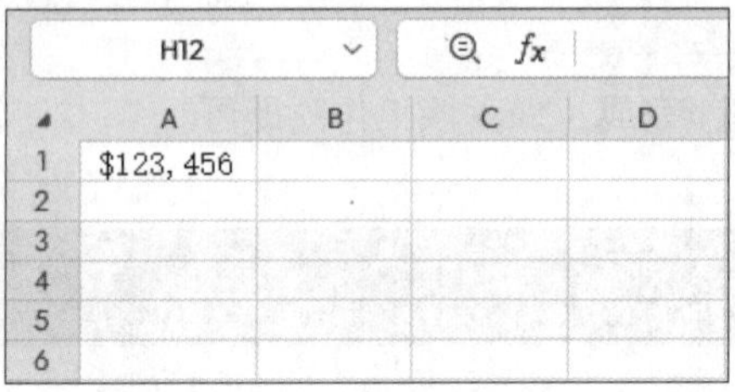

	A	B	C	D
1	$123, 456			
2				
3				
4				
5				
6				

第12章

WPS演示——演示文稿的设计与放映

学习目标

做报告时使用有声有色的报告常常会令观众惊叹，并能达到最佳效果。读者若想要做到这些，制作一个好的演示文稿是很有必要的，本章介绍演示文稿的设计与放映知识。

学习效果

12.1 实战——制作工作岗位竞聘演示文稿

竞聘上岗可以帮助公司筛选人才。而精美的岗位竞聘演示文稿可以让竞聘者在演讲时最大限度地展示自己，让公司多方面地了解自己的实际情况。

12.1.1 制作演示文稿的首页

下面主要介绍演示文稿的一些基本操作，如使用在线模板、设置文本字体格式等内容。

步骤01 启动WPS Office，单击【新建】按钮，弹出【新建】窗格，单击窗格中的【演示】选项，打开【新建演示文稿】标签页，默认选择左侧的【热门精选】选项，在右侧可以创建空白演示文稿，也可以进行AI智能创作，还可以使用系统推荐的模板创建演示文稿，如下图所示。

步骤02 在搜索框中输入"免费"，单击【搜索】按钮，然后在结果分类中选择【竞聘述职】选项，即可筛选出相关模板，选择要应用的模板，单击【免费使用】按钮，如下图所示。

> **小提示**
>
> 当鼠标指针移至WPS Office会员专享的模板上时，该模板上会显示【立即使用】按钮 立即使用 ，表示该模板只有WPS Office会员才能使用。

成功创建演示文稿，如下图所示。

步骤03 选择第1张幻灯片，修改标题为"工作岗位竞聘报告"，并根据需求修改标题字体和大小，效果如下图所示。

步骤04 单击副标题文本框，在文本框中输入副标题，并设置其字体为"微软雅黑"，字号为

"18"，颜色为"白色"，如下图所示。

步骤 05 选中多余的文本框，按【Delete】键将

其删除，首页效果如下图所示。

12.1.2 修改演示文稿的目录页

目录页不仅可以展示演示文稿的整体框架，还可以向观众说明报告思路，其重要性不言而喻。修改演示文稿目录页的具体操作步骤如下。

步骤 01 选择模板中的第2张幻灯片，修改第1个目录标题，并设置文本字体，如下图所示。

步骤 02 修改其他目录标题，并设置文本字体，最终效果如下图所示。

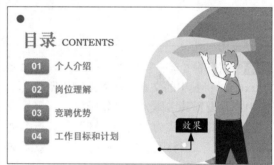

12.1.3 制作演示文稿的内容页

修改了演示文稿的目录页后，可以制作其内容页，具体操作步骤如下。

1.制作"个人介绍"部分的幻灯片

步骤 01 选择第3张幻灯片，修改并设置标题，如下图所示。

步骤 02 选择第4张幻灯片，修改个人基本情况，如下图所示。

步骤 03 选择第5张幻灯片，删除多余的内容，单击【插入】选项卡下的【文本框】下拉按钮，在弹出的下拉列表中选择【横向文本框】选项，如下图所示。

步骤 04 按住鼠标左键，拖曳鼠标绘制文本框，如下图所示。

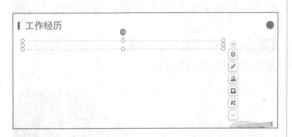

步骤 05 打开"素材\ch12\竞聘演讲\工作经历.txt"，将其中的文本复制到刚刚绘制的文本框中，并设置其字体为"微软雅黑"，字号为"24"，对齐方式为"两端对齐"，首行缩进为"2字符"，行距为"1.5倍行距"，效果如下图所示。

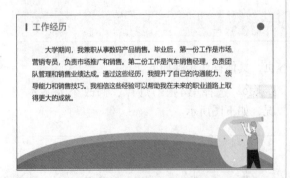

2.制作"岗位认知"部分的幻灯片

步骤 01 选择第6张幻灯片，按【Delete】键将其删除。再次选择第6张幻灯片，修改标题为"岗位认知"，并设置其字体，效果如右上图所示。

步骤 02 选择第7张幻灯片，输入标题和内容，并设置其字体。然后选中内容，单击【开始】选项卡下的【编号】下拉按钮 ≣ᵛ，在弹出的下拉列表中选择下图所示的编号。

添加编号后的效果如下图所示。

步骤 03 使用同样的方法，制作"岗位意义"幻灯片，效果如下图所示。

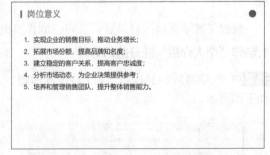

3.制作"竞聘优势"部分的幻灯片

步骤 01 制作"竞聘优势"部分的标题页幻灯片，效果如下页图所示。

步骤 02 选择一张幻灯片，输入标题"竞聘优势"和文本内容，并设置文本的字体、大小，添加编号等，效果如下图所示。

> | 竞聘优势
>
> 1. 丰富的销售经验与卓越的销售技巧，能够迅速制定有效的销售策略，实现销售目标。
> 2. 具备良好的人际沟通能力和团队合作精神，能够建立并维护与客户的长期合作关系，开拓新客户资源。
> 3. 对市场趋势和竞争对手情况有敏锐的洞察力，能够及时调整销售策略以应对市场变化，提升销售绩效。

4.制作"工作目标和规划"部分的幻灯片

步骤 01 制作"工作目标和规划"部分的标题页幻灯片，效果如下图所示。

步骤 02 修改一张幻灯片，输入标题"工作目标"和文本内容，并设置文本的字体和段落格式等，效果如下图所示。

> | 工作目标
>
> 　　在销售经理岗位上，我将制定明确的销售目标，并带领团队全力以赴实现这些目标。通过分析市场趋势和竞争对手情况，我将及时调整销售策略，以保持竞争优势。同时，我将注重与客户的沟通与合作，与他们建立长期稳定的合作关系，并通过开拓新客户资源来拓展市场份额。为了提高销售效率和客户满意度，我将优化销售流程和策略，并持续培养和提升团队成员的销售技巧和专业素养。
>
> 　　通过这些努力，我相信能够实现销售额的持续增长，提升品牌知名度，2024年度团队的销售目标为8000万元。

步骤 03 再次修改一张幻灯片，输入标题"工作规划"和文本内容，并设置文本的字体、大小，添加编号等，效果如下图所示。

> | 工作计划
>
> 1. 制定明确的销售计划和目标，确保团队明确任务并有明确的执行方向。
> 2. 加强市场调研和竞争分析，为销售策略的制定提供准确的数据支持，每季度进行一次市场调研，搜集并分析不少于100份市场报告和竞争对手信息。
> 3. 拓展新客户资源，与潜在客户建立良好的合作关系，每年开展至少5次市场推广活动，以吸引至少100个潜在客户。
> 4. 加强与现有客户的沟通与合作，提高客户忠诚度，通过定期的客户拜访和回访，保持90%以上的客户满意度，并将客户续约率提高到80%以上。

12.1.4　制作演示文稿的结束页

　　演示文稿的结束页是整个演讲的最后一部分，也是给观众留下深刻印象的关键部分，其制作方法如下。

步骤 01 修改结束页中的标题和副标题，效果如下图所示。

步骤 02 工作岗位竞聘演示文稿制作完成，如下图所示，单击【保存】按钮进行保存。

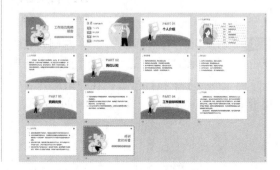

12.2 实战——设计沟通技巧培训演示文稿

沟通是人与人之间、群体与群体之间交流思想与传递情感的重要方式，是人们在社会交往中必不可少的技能。很多时候，沟通的成效直接影响着事业的成功与否。本节将制作一个介绍沟通技巧的演示文稿。

12.2.1 设计幻灯片母版

本节制作的演示文稿中除了首页和结束页外，其他所有幻灯片中都需要在标题处放置一张关于沟通交际的图片。为了使版面美观，将版面的四角设置为弧形。设计幻灯片母版的步骤如下。

步骤01 启动WPS Office，新建一个演示文稿并另存为"沟通技巧.pptx"，如下图所示。

步骤02 单击【视图】选项卡下的【幻灯片母版】按钮，如下图所示。

步骤03 切换到幻灯片母版视图，在左侧列表中单击第1张母版幻灯片，然后单击【插入】选项卡下的【图片】下拉按钮，在弹出的列表中单击【本地图片】选项，如右上图所示。

步骤04 在弹出的对话框中选择"素材\ch12\沟通技巧\背景.png"，单击【打开】按钮，如下图所示。

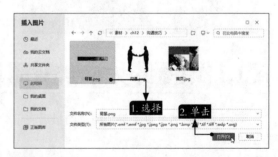

步骤05 插入图片后，调整图片的位置，右击图片，在弹出的菜单中单击【置于底层】选项，如下图所示。

步骤 06 单击后，该图片会显示在底层，标题文本框会显示在顶层，然后设置标题文本框的字体、字号及颜色，如下图所示。

步骤 07 使用形状工具在幻灯片上绘制一个矩形框，将其填充为蓝色（R:29，G:122，B:207）并置于底层，效果如下图所示。

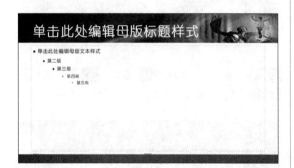

步骤 08 使用形状工具绘制一个圆角矩形，拖曳圆角矩形左上方的黄色菱形，调整圆角角度。设置【填充】为"无填充颜色"，【轮廓】为"白色"，【粗细】为"4.5磅"，效果如右上图所示。

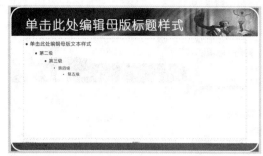

步骤 09 在左上角绘制一个正方形，设置【填充】和【轮廓】为"白色"，右击该正方形，在弹出的菜单中单击【编辑顶点】选项，删除右下角的顶点，并向左上方拖曳斜边的中点，将其调整为下图所示的形状。

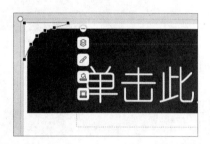

步骤 10 采用类似的方法绘制并调整幻灯片其他角的形状，然后右击绘制的图形，在弹出的菜单中单击【组合】选项，将图形组合，效果如下图所示。

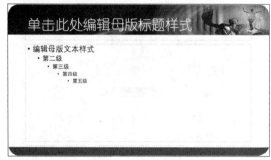

12.2.2 设计演示文稿的首页

　　该演示文稿首页由能够体现沟通交际的背景图和标题组成，设计该演示文稿的首页的具体操作步骤如下。

步骤 01 在幻灯片母版视图中选择左侧列表的第2张幻灯片，单击【幻灯片母版】选项卡下的【背景】按钮_{背景}，如下页图所示。

步骤 02 弹出【对象属性】窗格，勾选【隐藏背景图形】复选框，将背景隐藏，如下图所示。

步骤 03 单击【对象属性】按钮，打开其窗格，选中【图片或纹理填充】单选项，然后单击【图片填充】右侧的下拉按钮，在弹出的下拉列表中选择【本地文件】选项，如下图所示。

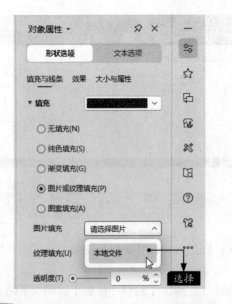

步骤 04 在弹出的【选择纹理】对话框中，选择"素材\ch12\沟通技巧\首页.jpg"，然后单击【打开】按钮，如右上图所示。

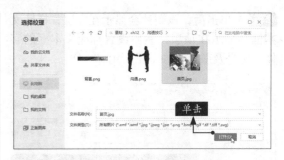

步骤 05 关闭【对象属性】窗格，设置背景后的幻灯片如下图所示。

步骤 06 参考12.2.1小节 **步骤 08** ~ **步骤 10** 的操作绘制图形，并将其组合，效果如下图所示。

步骤 07 单击【幻灯片母版】选项卡下的【关闭】按钮，如下图所示。

返回演示文稿的普通视图，如下图所示。

"华文中宋"，调整文本框的大小与位置，删除副标题文本框，效果如下图所示。

步骤08 在幻灯片的标题文本框中输入"提升你的沟通技巧"，将其"加粗"并设置字体为

12.2.3 设计图文幻灯片

使用图文幻灯片可以更形象地说明沟通的重要性，设计图文幻灯片的具体操作步骤如下。

步骤01 单击【开始】选项卡下的【新建幻灯片】下拉按钮，在弹出的下拉列表中单击【仅标题】选项，如下图所示。

新建一个仅含标题的幻灯片，如下图所示。

步骤02 在文本框中输入标题"为什么要沟通？"，如下图所示。

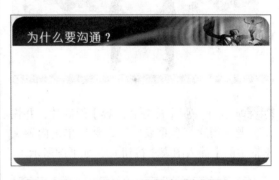

步骤03 单击【插入】选项卡下的【图片】下拉按钮，在弹出的下拉列表中单击【本地图片】选项，插入"素材\ch12\沟通技巧\沟通.png"，并调整其位置，效果如下图所示。

步骤 04 使用形状工具插入两个"云形标注"图形，拖曳控制点，调整图形的方向和大小，然后设置图形的填充颜色，效果如下图所示。

步骤 05 右击云形图形，在弹出的菜单中单击【编辑文字】选项，在图形中输入下图所示的文本，根据需要设置文本样式。

步骤 06 新建一张【标题和内容】幻灯片，并输入标题"沟通有多重要？"，然后单击内容文本框中的【插入图表】按钮 ，如下图所示。

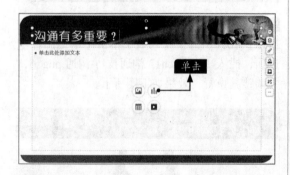

步骤 07 弹出【图表】对话框，选择左侧的【饼图】选项，在右侧单击【三维】选项，在下方区域单击要插入的图表，如右上图所示。

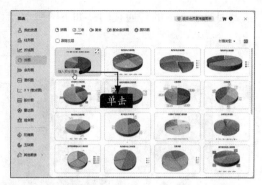

步骤 08 图表即被插入幻灯片中，右击该图表，在弹出的菜单中选择【编辑数据】选项，如下图所示。

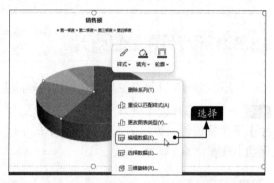

步骤 09 在打开的【WPS演示中的图表】工作簿中修改数据，如下图所示。

步骤 10 根据需要修改图表的样式，效果如下图所示。

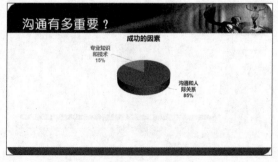

步骤 ⑪ 在图表下方插入一个文本框，输入下图所示的内容，并调整其字体、字号和颜色。

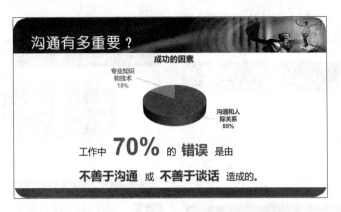

12.2.4 设计图形幻灯片

合理使用各种形状和SmartArt图形，可以直观地展示沟通的重要原则和高效沟通的步骤，设计图形幻灯片的具体操作步骤如下。

1. 设计"沟通的重要原则"幻灯片

步骤 ① 新建一张【仅标题】幻灯片，并输入标题"沟通的重要原则"，如下图所示。

步骤 ② 使用形状工具绘制图形，在【绘图工具】选项卡下为图形填充颜色，并根据需求为图形添加想要的效果，如下图所示。

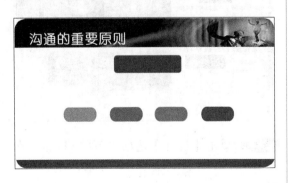

步骤 ③ 绘制4个圆角矩形，设置【填充】为"无填充颜色"，为它们依次设置【轮廓】颜色，并将它们置于底层，然后绘制直线段将图形连接起来，效果如下图所示。

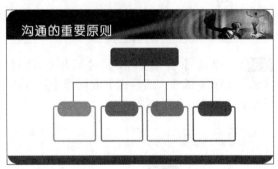

步骤 ④ 分别右击各个图形，在弹出的菜单中单击【编辑文字】选项，输入相应的文字，效果如下图所示。

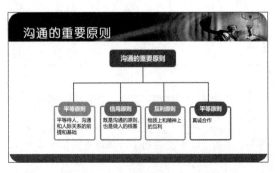

2. 设计"高效沟通的步骤"幻灯片

步骤 01 新建一张【仅标题】幻灯片，并输入标题"高效沟通的步骤"，如下图所示。

步骤 02 单击【插入】选项卡下的【智能图形】按钮 ，如下图所示。

步骤 03 弹出【智能图形】对话框，选择【SmartArt】选项，然后在下方选择【连续块状流程】图形，如下图所示。

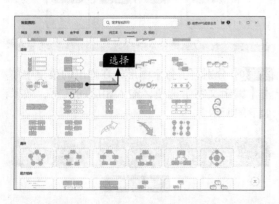

小提示

　　SmartArt图形主要用于制作流程图、逻辑关系图等。另外，【智能图形】对话框中提供了多种复杂的图形来直观地表达信息关系，如总分、金字塔、循环等。

单击后，该图形即被插入幻灯片中，如下图所示。

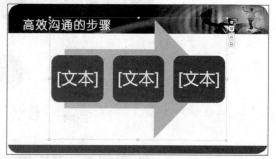

步骤 04 选中该图形，单击【设计】选项卡下的【添加项目】下拉按钮，在弹出的下拉列表中多次单击【在后面添加项目】选项，添加多个项目，然后输入文字，并调整图形的大小，效果如下图所示。

步骤 05 选中该图形，单击【设计】选项卡下的【更改颜色】下拉按钮 ，在弹出的下拉列表中选择一种颜色，如下图所示。

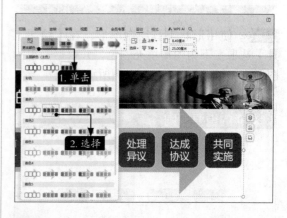

步骤 06 单击【设计】选项卡下的 按钮，在弹出的下拉列表中选择一种样式，如下页图所示。

步骤 07 在图形下方绘制6个圆角矩形，设置它们的填充颜色并应用样式，如下图所示。

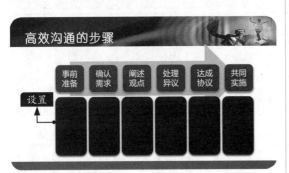

步骤 08 右击绘制的6个图形，单击任务窗格中的【对象属性】按钮 ，弹出【对象属性】窗格，单击【形状选项】▷【大小与属性】▷【文本框】区域中的【文字边距】右侧的下拉按钮，在弹出的下拉列表中选择【无边距】选项，如右上图所示。

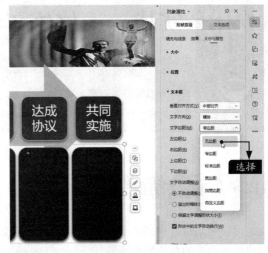

步骤 09 关闭【对象属性】窗格，在圆角矩形中输入文本，为文本添加"√"形的项目符号，并设置字体颜色为"白色"，效果如下图所示。

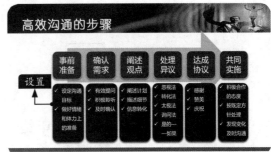

12.2.5 设计演示文稿的结束页

结束页幻灯片和首页幻灯片的背景一致，只是标题不同。设计结束页的具体操作步骤如下。

步骤 01 新建一张【标题幻灯片】，如下图所示。

步骤 02 在标题文本框中输入"谢谢观看！"，并调整其字体和位置，如右图所示。沟通技巧

培训演示文稿制作完成，按【Ctrl+S】组合键保存。

12.3 实战——修饰年终工作报告演示文稿

年终工作报告演示文稿是一种用于展示公司在整年内的市场表现的演示文稿。它通常包括公司的销售数据、市场份额、竞争对手分析、市场变化趋势等内容。本节以制作年终工作报告演示文稿为例，介绍动画的创建和切换效果的设置等。

12.3.1 创建动画

可以为幻灯片中的对象创建进入动画。例如，可以使对象缓慢进入、从边缘飞入幻灯片等。创建进入动画的具体操作步骤如下。

步骤 01 打开"素材\ch12\年终工作报告.pptx"，选中幻灯片中要创建进入动画的文字，单击【动画】选项卡下的▾按钮，如下图所示。

步骤 02 在弹出的下拉列表的【进入】区域中，单击右侧的【更多选项】按钮⊙，如下图所示。

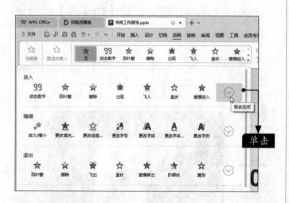

步骤 03 可以看到更多的进入动画，选择要添加的动画，这里选择【出现】选项，如右上图所示。

此时在【幻灯片】缩略窗格中可以看到显示的播放动画标识◈，如下图所示。

> **小提示**
>
> 单击任务窗格中的【动画窗格】按钮☆，可以打开【动画窗格】窗格，添加了动画的对象的左上角会出现动画顺序标识①，可判断其已添加了动画效果。

步骤 04 为其他对象添加不同类型的动画，如强调、退出、动作路径等。

12.3.2 设置动画

在幻灯片中创建动画后，可以对动画进行设置，包括调整动画顺序、设置动画计时等。

1. 调整动画顺序

在放映幻灯片的过程中，可以对动画播放的顺序进行调整，具体操作步骤如下。

步骤 01 选中已经创建动画的幻灯片，并打开【动画窗格】窗格，可以看到添加了动画的对象旁会显示动画顺序标识，右侧窗格中会显示动画列表，如下图所示。

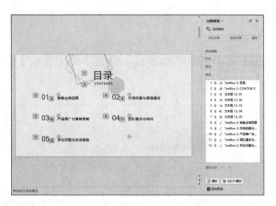

步骤 02 在【动画窗格】窗格中选中需要调整顺序的动画，这里选择动画8，然后单击下方的向上按钮⬆或向下按钮⬇进行调整，如下图所示。

也可以先选中要调整顺序的动画，直接将其拖曳到适当位置。

调整后的效果如下图所示。

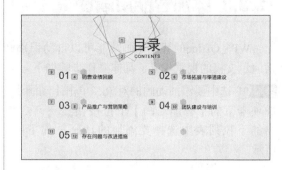

2. 设置动画计时

创建动画之后，可以在【动画】选项卡下为动画指定开始时间、持续时间和延迟时间，具体操作步骤如下。

（1）设置开始时间

若要为动画设置开始时间，可以单击【动画】选项卡下的【开始】文本框右侧的下拉按钮∨，然后在弹出的下拉列表中选择所需的时间。该下拉列表中包含【单击时】【与上一动画同时】【上一动画之后】3个选项，如下图所示。

（2）设置持续时间

若要设置动画运行的持续时间，可以在

【持续】文本框中输入所需的时间，或者单击
【持续】文本框右侧的微调按钮⟳进行调整，
如下图所示。

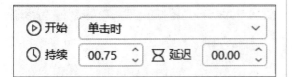

（3）设置延迟时间

若要设置动画开始前的延迟时间，可以在
【延迟】文本框中输入所需的时间，或者单击文
本框右侧的微调按钮⟳进行调整，如下图所示。

12.3.3 添加智能动画

WPS Office的智能动画功能可以自动识别和处理页面内容，并提供智能的动画方案，从而增
强演示文稿的视觉效果，具体操作步骤如下。

步骤01 选中要添加动画的对象，单击【动画】
选项卡下的【智能动画】下拉按钮⟳，在弹
出的下拉列表中选择要添加的动画，如下图
所示。

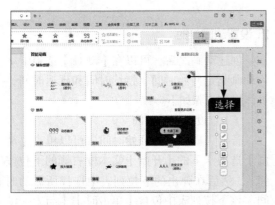

添加动画后的效果如下图所示。

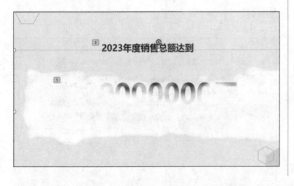

步骤02 单击【动画窗格】窗格中的【播放】按
钮，如下图所示。

浏览添加动画后的播放效果，如下图
所示。

12.3.4 删除动画

为对象创建动画后，可以根据需要删除动画。删除动画的方法有以下3种。

（1）选中要删除动画的对象，单击【动画】选项卡下方列表中的【无】选项，如下图所示。

（2）打开【动画窗格】窗格，选中要删除的动画，然后单击其右侧的下拉按钮 ▾，在弹出的下拉列表中选择【删除】选项，如右上图所示。

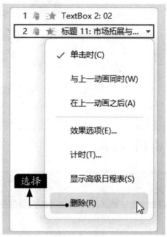

（3）选中要删除动画的对象前的动画顺序标识，按【Delete】键。

12.3.5 设置幻灯片切换效果

设置切换效果可以使幻灯片在放映时更加生动、形象。

1. 添加切换效果

幻灯片切换效果是指在幻灯片演示期间从一张幻灯片切换到下一张幻灯片时，在【幻灯片放映】视图中出现的动画效果。添加切换效果的具体操作步骤如下。

步骤 01 选中要设置切换效果的幻灯片，单击【切换】选项卡下的 ▾ 按钮，在弹出的下拉列表的选择一种切换效果，如下图所示。

步骤 02 添加了切换效果的幻灯片在放映时如右上图所示。使用同样的方法，为其他幻灯片添加切换效果。

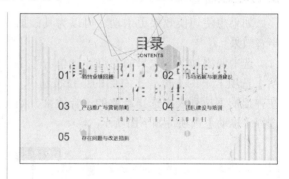

2. 设置切换效果的属性

部分切换效果具有可自定义的属性，用户可以对这些属性进行自定义设置，具体操作步骤如下。

选中应用了切换效果的幻灯片，单击【切换】选项卡下的【效果选项】按钮 。在弹出的下拉列表中可以更改切换效果的切换起始方向，此处单击【下方进入】选项，将默认的【右侧进入】更改为【下方进入】效果，如下页图所示。

效果如下图所示。

3. 为切换效果添加声音

如果想使切换效果更生动，可以为其添加声音效果。

选中要添加声音效果的幻灯片，单击【切换】选项卡下的【声音】右侧的下拉按钮，在弹出的下拉列表中选择需要的声音效果，如选择【推动】选项，如下图所示。

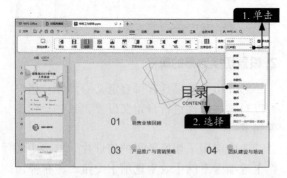

用户也可以在弹出的下拉列表中选择【来自文件】选项，在弹出的【添加声音】对话框中选择要添加的音频文件，然后单击【打开】按钮，如右上图所示，为切换效果添加本地音频。

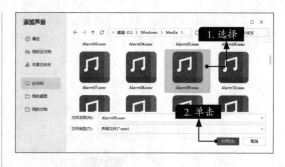

4. 设置切换效果的持续时间

用户可以设置切换效果的持续时间，从而控制切换速度。

选中演示文稿中的某一张幻灯片，单击【切换】选项卡下的【速度】文本框右侧的微调按钮，或者直接在文本框中输入所需的时间，如下图所示，即可调整切换效果的持续时间。

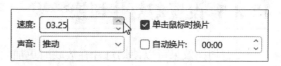

5. 设置切换方式

在【切换】选项卡下，默认勾选【单击鼠标时换片】复选框，换片方式为通过单击鼠标来切换幻灯片。

用户可以勾选【自动换片】复选框，并在文本框中输入时间以设置自动切换幻灯片的时间。这样既可以单击鼠标切换，也可以按设置的自动切换时间切换。

6. 将当前切换效果应用到全部幻灯片

用户如果需要将当前幻灯片设置的切换效果及切换方式等应用到全部幻灯片中，可单击【切换】选项卡下的【应用到全部】按钮，如下图所示。

12.4 实战——产品营销策略演示文稿的放映

产品营销策略演示文稿是一种用于展示公司推广特定产品或服务的策略的演示文稿。它通常包括产品定位、目标市场、营销渠道、促销活动等内容。本节以放映一份产品营销策略演示文稿为例，介绍演示文稿的放映技巧。

12.4.1 设置演示文稿的放映

本小节主要介绍放映演示文稿的基本设置，如设置放映方式、排练计时等。

步骤 01 打开"素材\ch12\产品营销策略.pptx"，单击【放映】选项卡下的【放映设置】按钮，如下图所示。

步骤 02 弹出【设置放映方式】对话框，在【放映类型】区域中选中【演讲者放映（全屏幕）】单选项，在【放映选项】区域中勾选【放映时不加动画】复选框，然后单击【确定】按钮，如下图所示。

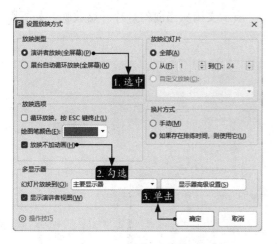

> **小提示**
>
> 若勾选【循环放映，按ESC键终止】复选框，则演示文稿在最后一张幻灯片放映结束后，会自动返回到第1张幻灯片继续放映，直到按【Esc】键结束。
>
> 在【放映幻灯片】区域中选中【从……到……】单选项，可以自定义放映的页面区域，如设置为"从1到9"，则仅播放前9张幻灯片。

步骤 03 单击【放映】选项卡下的【排练计时】下拉按钮，在弹出的下拉列表中单击【排练全部】选项，如下图所示。

单击后即可开始设置排练计时，如下图所示。

步骤 04 排练计时结束后，在弹出的对话框中单击【是】按钮，保留排练计时，如下图所示。

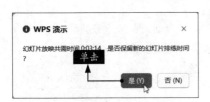

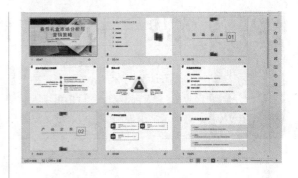

设置排练计时后的效果如右图所示。

12.4.2 演示文稿的放映方式

默认情况下，演示文稿的放映方式为普通手动放映。用户可以根据实际需要设置演示文稿的放映方式，如从头开始放映、从当前幻灯片开始放映等。

1. 从头开始放映

演示文稿一般是从头开始放映的，单击【放映】选项卡下的【从头开始】按钮，如下图所示，或按【F5】键。

演示文稿从头开始放映，如下图所示。

2. 从当前幻灯片开始放映

放映演示文稿时也可以从选定的幻灯片开始放映，单击【放映】选项卡下的【当页开始】按钮，如下图所示，或按【Shift+F5】组合键。

演示文稿从当前幻灯片开始放映，如下图所示。

12.4.3 在幻灯片中添加和编辑注释

放映演示文稿时，为了方便演讲，可以在幻灯片上添加注释。

步骤 01 在幻灯片放映页面中单击页面左下角的 按钮，在弹出的菜单中选择【圆珠笔】选项，如下图所示。

步骤 02 当鼠标指针变为 形状时，即可在幻灯片上添加注释，如写字、画图、标记重点等，如下图所示。

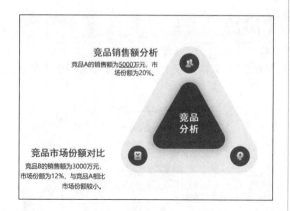

步骤 03 如果要擦除页面中的笔迹，可以单击页面左下角的 按钮，在弹出的菜单中选择【橡皮】选项，如下图所示。

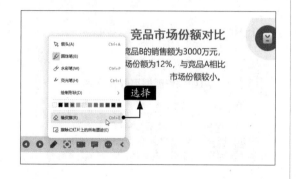

步骤 04 此时鼠标指针变为 形状，将其移至要擦除的注释上，按住鼠标左键并拖曳鼠标即可将注释擦除，如下图所示。

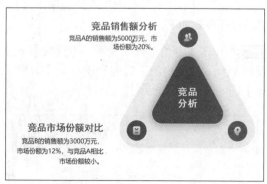

小提示

单击鼠标右键，在弹出的菜单中选择【墨迹画笔】➤【擦除幻灯片上的所有墨迹】选项，如下图所示，可将幻灯片上的所有墨迹擦除。

步骤 05 对于在放映演示文稿时添加的墨迹注释，用户可以根据需求决定是否将其保留在幻灯片中。按【Esc】键退出放映时，会弹出下图所示的对话框，单击【保留】按钮即可将注释保留。

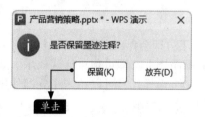

高手私房菜

技巧1：统一替换幻灯片中使用的字体

在制作演示文稿时，如果希望将演示文稿中的某个字体替换为其他字体，可统一进行替换，具体操作步骤如下。

步骤01 单击【开始】选项卡下的【查找】下拉按钮Q 查找，，在弹出的下拉列表中单击【替换字体】选项，如下图所示。

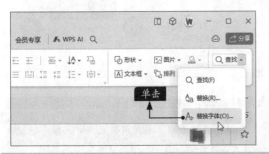

步骤02 弹出【替换字体】对话框，在【替换】下拉列表中选择要替换掉的字体，在【替换为】下拉列表中选择要替换为的字体，单击【替换】按钮，如下图所示，即可将演示文稿中的所有"宋体"字体替换为"华文仿宋"。

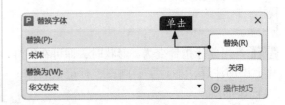

技巧2：智能美化功能让演示文稿更出色

WPS Office的智能美化功能可以帮助用户快速完成演示文稿的美化，几秒内就能将单调的演示文稿变得生动有趣。

步骤01 选择要美化的幻灯片，单击状态栏中的【智能美化】下拉按钮 智能美化，，在弹出的下拉列表中单击【单页美化】选项，如下图所示。

应用后的效果如下图所示。

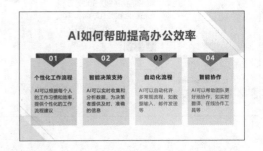

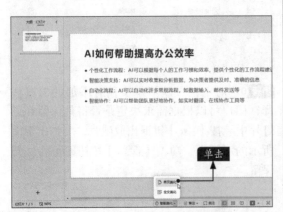

步骤02 下方即会弹出窗格，将鼠标指针移至页面样式缩略图上，即可预览样式效果。如果要应用某个页面样式，可以单击【立即使用】按钮，如右上图所示。

第 13 章

PDF文档——PDF文档的编辑与处理

学习目标

　　本章主要介绍如何编辑与处理PDF文档，包括PDF文档格式的转换、PDF文档的拆分与合并、编辑PDF文档内容以及PDF文档的页面管理等。掌握这些技巧后，读者能够灵活地处理PDF文档。

学习效果

13.1 实战——PDF文档格式的转换

在WPS Office中，PDF组件提供了强大的格式转换功能。它可以将各种格式的文件，如图片和Office文档，转换为PDF文档。同时，它也可以将PDF文档转换为其他格式。本节将详细介绍这些格式转换的方法。

13.1.1 从图片创建PDF文档

用户可以利用PDF组件，将单张或多张图片整合为一个PDF文档，也可以将多张图片分别输出为多个PDF文档。

步骤 01 启动WPS Office，单击【新建】按钮，弹出【新建】窗格，单击其中的【PDF】选项，打开【新建PDF】标签页，单击【从图片新建】缩略图，如下图所示。

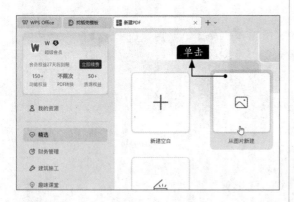

步骤 02 弹出【图片转PDF】对话框，单击对话框中间的图标，如下图所示，或单击【点击添加文件】超链接。

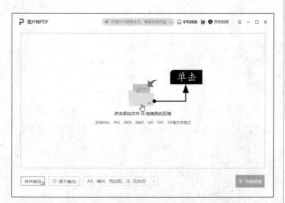

步骤 03 弹出【添加图片】对话框，选择图片，然后单击【打开】按钮，如右上图所示。

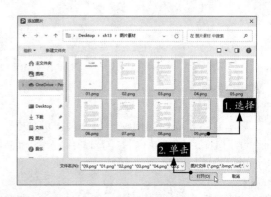

步骤 04 返回【图片转PDF】对话框，可以看到添加的图片的缩略图。单击下方的【添加】按钮，可以添加其他位置的图片文件。单击【排序】按钮或拖曳图片缩略图，可以调整其顺序。如果要将它们合并为一个PDF，则单击【合并输出】按钮；如果要分别输出，则单击【逐个输出】按钮，另外也可设置纸张大小、纸张方向、页边距及水印等。设置完成后，单击【开始转换】按钮，如下图所示。

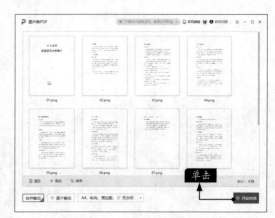

步骤 05 弹出【图片转PDF】对话框，设置输出名称和输出目录，然后单击【转换PDF】按钮，如下图所示。

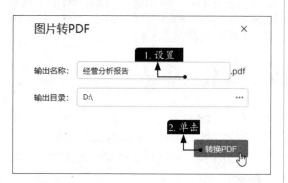

步骤 06 转换成功后，即会弹出右上图所示的提示框，单击【查看文件】按钮，可查看PDF文件。

创建的PDF文件如下图所示。

13.1.2 从Office文档创建PDF文档

将Office文档转换为PDF文档的方法如下。

步骤 01 在【新建PDF】标签页中单击【从Office文档新建】缩略图，如下图所示。

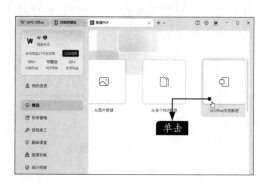

步骤 02 弹出【打开】对话框，选择要转换的Office文档，单击【打开】按钮，如下图所示。

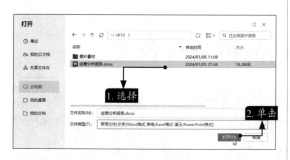

步骤 03 所选的Office文档被转换为PDF文档，并在WPS Office中自动打开，单击【保存】按钮，如下图所示。

步骤 04 弹出【另存为】对话框，选择保存位置并设置文件名称，单击【保存】按钮，如下页图所示。

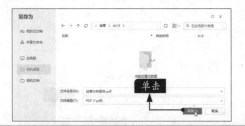

小提示

另外，如果用户需要对文字文档、表格及演示文稿等进行PDF格式转换，可以使用WPS Office打开相应文件，单击快速访问工具栏中的【输出为PDF】按钮♂。

13.1.3 将PDF文档转换为其他格式的文件

在日常工作中，为了满足多样化的需求，我们可以利用WPS Office的PDF组件将PDF文档转换为其他格式的文件，如文字文档、表格和演示文稿等，以便传阅或进行进一步的编辑修改。

步骤 01 打开要转换的PDF文档，单击【开始】选项卡下的【PDF转换】下拉按钮，弹出的下拉列表中显示了支持的转换格式，这里选择【转为Word】选项，如下图所示。

开始转换，对话框中会显示转换进度，如下图所示。

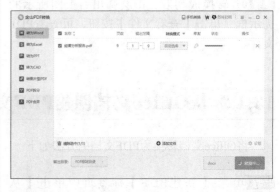

步骤 03 转换完成后，WPS Office会自动打开转换好的文件，如下图所示，用户可以根据需求对其进行编辑。

步骤 02 弹出【金山PDF转换】对话框，设置输出范围、转换模式、输出目录及格式，单击【开始转换】按钮，如下图所示。

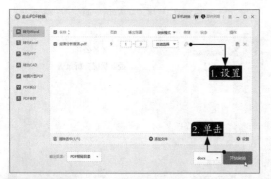

13.2 实战——PDF文档的拆分与合并

有时，我们可能需要从一个完整的PDF文档中提取出一部分内容，或者将多个PDF文档整合为一个。本节将详细介绍如何使用WPS Office进行PDF文档的拆分与合并。

13.2.1　将长文档拆分为多个PDF文档

将长文档拆分为多个PDF文档不仅可以方便浏览和打印，还可以提高文档的易用性和管理效率。本小节将介绍如何将长文档拆分为多个PDF文档。

步骤01 打开要拆分的PDF文档，单击【开始】选项卡下的【拆分合并】下拉按钮，在弹出的下拉列表中选择【拆分文档】选项，如下图所示。

弹出【金山PDF转换】对话框，拆分方式包括"最大页数"和"选择范围"两种，选择"最大页数"可以设置每隔几页拆分一个文档，而选择"选择范围"可以自定义页码范围，如下图所示。

步骤02 设置【拆分方式】为【选择范围】，并设置页码范围，用"，"隔开，然后设置输出目录，单击【开始拆分】按钮，如下图所示。

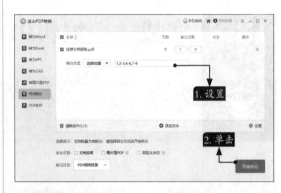

步骤03 拆分完成后，打开指定的输出目录，可以看到拆分的PDF文档，如下图所示。

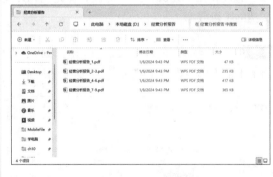

13.2.2　将多个PDF文档合并为一个文档

将多个PDF文档合并为一个PDF文档可以减少混乱，并方便分享和传输，具体操作步骤如下。

步骤01 在【新建PDF】标签页中单击【从多个PDF新建】缩略图，如右图所示。

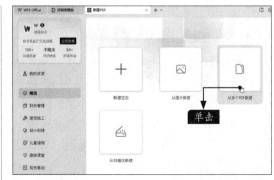

步骤 02 弹出【金山PDF转换】对话框，选择要合并的文档，可以通过【操作】区域的按钮调整文档顺序。然后设置输出名称和输出目录，单击【开始合并】按钮，如右图所示。

13.3 实战——编辑PDF文档内容

WPS Office在编辑PDF文档内容方面具有多种优势，可以满足用户的不同需求，如编辑文字、插入图片等。

13.3.1 编辑PDF文档中的文字

通过WPS Office，用户可以方便地对PDF文档中的文字进行修改、添加、删除等操作，提高文档的编辑效率。

步骤 01 打开要编辑的PDF文档，单击【编辑】选项卡下的【编辑内容】按钮 ，如下图所示。

步骤 02 单击要编辑内容的文本框，在框中输入文字，然后根据情况调整文本框的大小及位置，如下图所示。

小提示

如果是图片型PDF文档，可单击【扫描件编辑】按钮，WPS Office会自动识别图片并将其转换为文字型PDF文档，以便用户编辑。

此时，PDF文档中的文字会被虚线框选中，用户可以在框中进行编辑、复制、剪切等操作，如右上图所示。

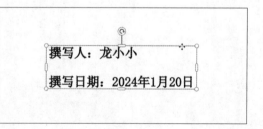

步骤 ⑬ 编辑完成后，单击【文字编辑】选项卡下的【退出编辑】按钮，如右图所示，并对文档进行保存。

13.3.2 在PDF文档中插入图片

在PDF文档中插入图片的具体操作步骤如下。

步骤 ① 单击【编辑】选项卡下的【插入图片】按钮，如下图所示。

步骤 ② 弹出【打开】对话框，选择要插入的图片，单击【打开】按钮，如下图所示。

所选的图片即被插入PDF文档中，如下图所示。

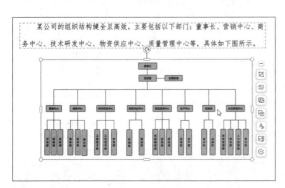

步骤 ③ 拖曳插入的图片的编辑框，调整其位置和大小，如下图所示。

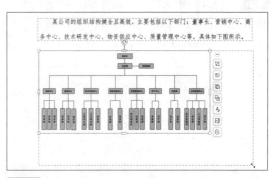

步骤 ④ 单击【图片编辑】选项卡下的【退出编辑】按钮，如下图所示。

插入图片后的效果如下图所示。

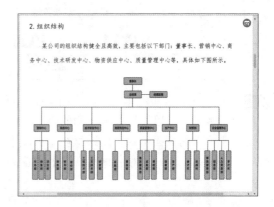

13.4 实战——PDF文档的页面管理

PDF文档的页面管理涉及对PDF文档中的页面进行的一系列操作，包括插入、删除、提取和替换等，这些操作有助于优化PDF文档，从而提升PDF文档的可读性。

13.4.1 插入新的页面

用户可以在PDF文档中插入新的页面，以增加内容、创建章/节分隔等，具体操作步骤如下。

步骤01 打开PDF文档，单击【插入】选项卡下的【页面】下拉按钮，在弹出的下拉列表中单击【从文件导入】选项，如下图所示。

步骤02 弹出【选择文件】对话框，选择要插入的文件，单击【打开】按钮，如下图所示。

步骤03 弹出【插入页面】对话框，如果插入的文件包含多页，可以设置插入页面的范围，然后设置要插入的页面位置，如这里在【页面】文本框中输入"1"，将【插入位置】设置为

"之后"，表示插入在第一页之后，单击【确认】按钮，如下图所示。

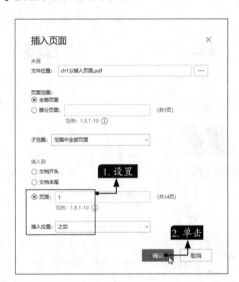

> **小提示**
>
> 拖曳要插入的文件到PDF缩略图中的目标位置，即可快速打开【插入页面】对话框。

页面被插入指定位置，如下图所示。

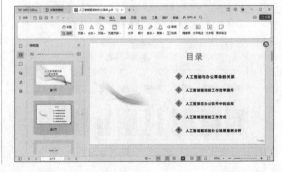

13.4.2 删除指定页面

如果要删除PDF文档中的某些页面，可以执行下述操作。

单击【页面】选项卡，页面会以缩略图的形式并排排列，选中要删除的页面，单击【删除页面】按钮。

另外，在左侧【缩略图】窗格中选中要删除的页面，按【Delete】键也可将其删除。

13.4.3 提取部分页面

从PDF文档中选择特定的页面或页面范围，并将其保存为独立的文件的具体操作步骤如下。

步骤01 单击【页面】选项卡，然后选择要提取的页面。如果是连续页面，可按住【Shift】键进行选择；如果是非连续页面，则可按住【Ctrl】键进行选择。然后单击【提取页面】按钮，如下图所示。

步骤02 弹出【PDF提取页面】对话框，设置提取模式、输出类型、文件名及保存位置等，然后单击【开始提取】按钮，如下图所示。

步骤03 提取完成后，弹出下图所示的提示框，如果要打开提取后的文档，单击【打开文档】按钮。

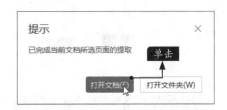

提取的PDF文档如下图所示。

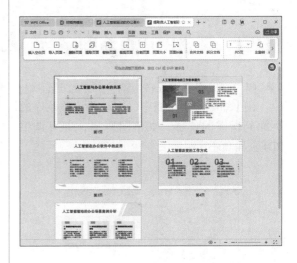

13.4.4 替换指定页面

当需要替换某些页面时，如果先删除错误页面再插入正确页面，过程可能会相当烦琐，用户可以一键替换错误页面，这样会更加快捷，具体操作步骤如下。

步骤 01 单击【页面】选项卡，选择要替换的页面，单击【替换页面】按钮，如下图所示。

步骤 02 弹出【选择来源文件】对话框，选择要替换的文件，单击【打开】按钮，如下图所示

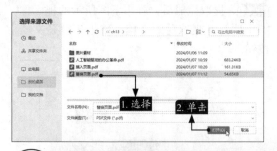

步骤 03 弹出【替换页面】对话框，单击【确认替换】按钮，如下图所示。

步骤 04 弹出【提示】对话框，提示替换后无法撤销操作，确认后，单击【确认替换】按钮，如下图所示。

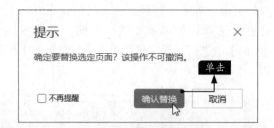

 ## 高手私房菜

技巧1：调整PDF页面顺序

用户可以根据需求自由调整PDF的页面顺序，最常用的是拖放法，具体操作步骤如下。

在【缩略图】窗格中，拖动要调整顺序的页面到所需的位置，如下图所示，即可调整PDF页面顺序。

调整后的效果如下图所示。

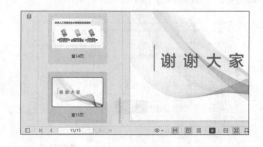

技巧2：PDF文档的审阅与批注

用户可以在PDF文档上进行审阅和批注，以便更好地沟通和协作，具体操作步骤如下。

步骤01 选择要批注的文字并右击，在弹出的菜单中单击【高亮附注】选项，如下图所示。

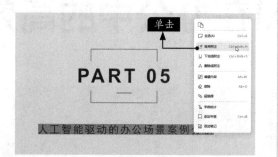

步骤02 在弹出的附注框中输入文本内容，在附注框外任意位置单击，即可完成批注，如下图所示。

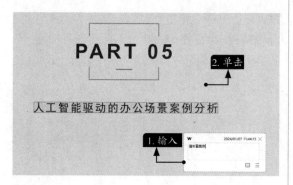

步骤03 使用类似的方法添加下划线批注，如下

图所示。除此之外，还可以在【批注】选项卡下进行更多操作，以满足不同的需求。

步骤04 单击缩略图左侧的【批注】按钮 □，即可打开【批注】窗格，可以看到文档中的批注列表。用户可单击任意批注，再单击相应批注上的【点击添加回复】按钮，对批注进行回复，如下图所示。

第 **14** 章

WPS AI——AI在办公中的高效应用

学习目标

　　WPS Office通过与AI的结合重新定义了办公方式，让工作变得更加智能、高效。无论是处理日常办公事务，还是进行团队协作和创新工作，WPS AI都能为用户带来前所未有的便利。本章主要介绍WPS AI在办公中的高效应用。

学习效果

14.1 实战——AI在文字中的应用

AI在文字处理方面的应用已经深入各个方面，从自动生成文章、润色文字，到文档排版和阅读理解，极大地提升了文字工作的效率和质量。

14.1.1 快速分析文字材料

AI可以快速分析并提炼文章核心内容，并根据用户的提问生成回答，从而帮助用户快速理解文章内容，提高阅读效率。

步骤01 打开要分析的文字文档，单击【WPS AI】按钮 WPS AI，打开【WPS AI】窗格，单击【文档阅读】选项，如下图所示。

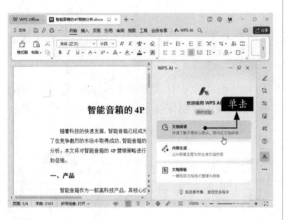

步骤02 进入【文档阅读】窗格，单击"文章总结：对整篇文章内容进行总结。"，如下图所示。

此时，WPS AI会对文档内容进行总结，并生成总结内容，如下图所示，用户可对这些内容进行复制操作。

步骤03 用户也可以在提问框中输入问题，然后单击 ▶ 按钮，如下图所示。

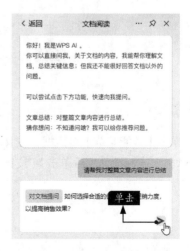

WPS AI会根据问题提供相应回答，并显示相关原文的页码，方便用户阅读和查看，如下图所示。

步骤 04 如果不知道提出哪些问题，也可以让AI提供一些问题，如下图所示。

14.1.2　文章的写作与润色

WPS AI能够快速生成高质量的文章，并提供润色和修改功能，让文章更加完美。它可以根据用户输入的关键词或主题自动生成文章，并支持多种类型的文章创作，如工作总结、广告文案、社交媒体推文等，为用户的工作提供了创意参考。

步骤 01 打开【新建文档】标签页，单击【智能起草】缩略图，如下图所示。

步骤 02 弹出【智能起草】对话框，在文本框中输入文章类型或标题，然后单击 ➤ 按钮，如右上图所示。

步骤 03 进入下图所示的界面，单击【演讲场景】右侧的下拉按钮，在弹出的下拉列表中选择场景，并根据需求输入相关内容，然后单击【立即创建】按钮，如下图所示。

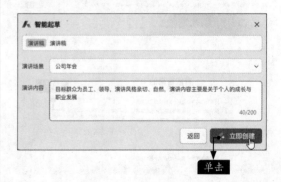

WPS AI生成相关的内容，如下图所示。如果对WPS AI生成的内容感到满意，则单击【完成】按钮；如果需要重新生成内容，则单击【重写】按钮；如果要将其从文档中删除，则单击【弃用】按钮。

步骤 04 单击【重写】按钮后，会弹出下图所示的输入框，用户可以修改或细化需求，然后单击➤按钮重新生成。

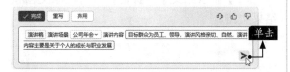

步骤 05 确认生成的内容后，用户还可以根据需求进行润色或改写。选择要润色或改写的段落，单击弹出的悬浮框中的【WPS AI】下拉按钮，在弹出的下拉列表中选择要进行的操作，例如选择【扩充篇幅】选项，如下图所示。

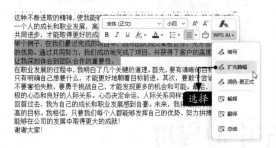

步骤 06 WPS AI会扩充相应段落，如右上图所示。如果单击【完成】按钮，则会将扩充内容插入文档中，并保留原文内容；如果单击【替换】按钮，则将用其替换原文内容。这里单击【替换】按钮。

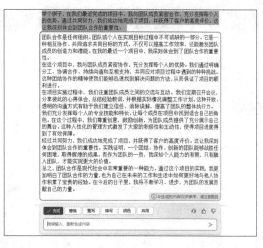

步骤 07 另外，用户也可以对文档进行整篇润色。选择全文内容，然后单击【段落柄】按钮，在弹出的悬浮框中单击【WPS AI】选项，如下图所示。

步骤 08 在弹出的列表中选择【润色】➤【更正式】选项，如下图所示。

此时，AI即会进行重新创作，如下图所示。用户可以对生成的内容进行修改和完善。

在该项目中，我与团队成员紧密协作，充分发挥每个人的优势。我们通过明确分工、协调合作、持续沟通和互相支持，共同应对项目过程中遇到的种种挑战。这种团结协作的精神使我们能够迅速找到解决问题的方法，从而保证了项目的顺利进行。

项目实施过程中，我们注重团队成员之间的交流与互动。我们定期召开会议，分享彼此的心得体会，总结经验教训，并根据实际情况调整工作计划。这种开放、透明的沟通方式

14.1.3　一键完成文档排版

无论是学位论文、合同协议、人事证明、党政公文，还是行政通知，WPS AI都能对其进行智能排版。

步骤01 打开要排版的文档，单击【WPS AI】按钮 WPS AI，打开【WPS AI】窗格，单击【文档排版】选项，如下图所示。

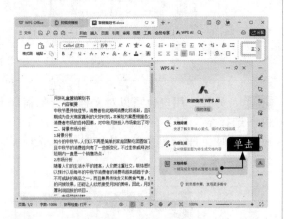

步骤02 在【文档排版】窗格中选择文档的类型，单击【开始排版】按钮，如下图所示。

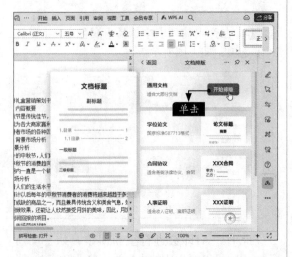

WPS AI即对文档进行排版，如下图所示。如果要应用该格式，可以单击【确认】按钮；如果要弃用该格式，则单击【弃用】按钮。

步骤03 勾选【显示目录】复选框，会打开导航窗格并显示目录大纲，如下图所示。用户也可以勾选【显示原文】复选框，以对比原文档和结果文档。

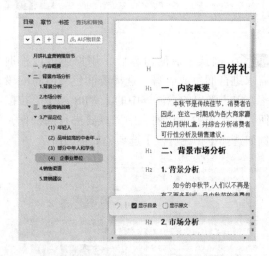

14.2　实战——AI在表格中的应用

在表格处理方面，WPS AI可以帮助用户进行条件标记、公式生成、数据分析、筛选排序等操作，极大地提高了处理和分析数据的效率。

14.2.1　通过对话对表格进行处理

用户只需输入指令，WPS AI就能理解并执行相应的表格操作。

步骤01 打开素材文档，单击【WPS AI】按钮 WPS AI，弹出【WPS AI】窗格，单击【对话操作表格】选项，如下图所示。

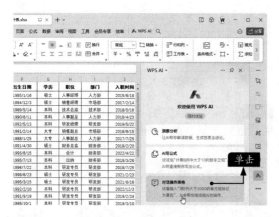

步骤02 打开【对话操作表格】窗格，单击提问框，在弹出的列表中单击【筛选排序】选项，如下图所示。

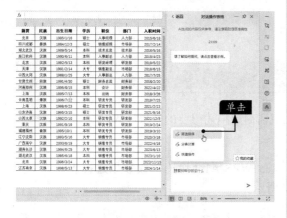

步骤03 在提问框中输入指令，单击 ▶ 按钮，如下图所示。

步骤04 WPS AI对表格进行排序。排序完成后，单击【完成】按钮，如下图所示。

如单击【快捷操作】选项，输入指令，然后单击 ▶ 按钮，WPS AI会进行相应操作，如下图所示。

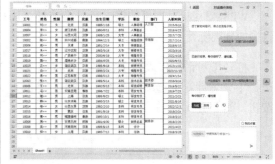

14.2.2　在海量数据中提取重要信息

WPS AI能够处理大量数据，并从中提取有用的信息和生成结论。它还可以回答用户的问题，使用户获取所需的信息。

步骤01 打开【WPS AI】窗格，单击【洞察分析】选项，WPS AI会自动生成AI分析报告，如下页图所示。

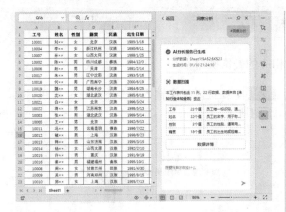

步骤 02 单击窗格中的【获取AI洞察结论】按钮，如下图所示。

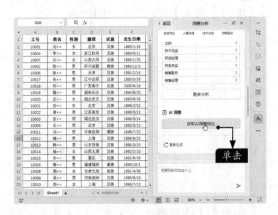

WPS AI生成洞察结论，如下图所示。

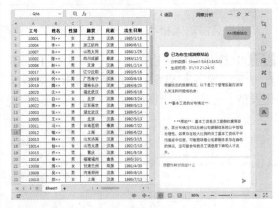

步骤 03 在提问框中输入问题，WPS AI会根据问题进行回复，如下图所示。

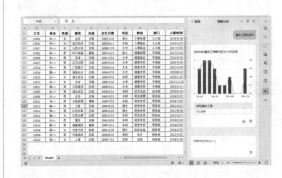

14.2.3 对表格数据进行分类统计

WPS AI支持对表格数据进行分类统计。用户只需简单描述想要的结果，WPS AI会快速完成数据的分类统计，使数据结果一目了然。

打开【对话操作表格】窗格，在提问框中选择【分类计算】选项，并输入指令，单击▷按钮，如下图所示。

WPS AI会快速生成数据透视表，如下图所示。

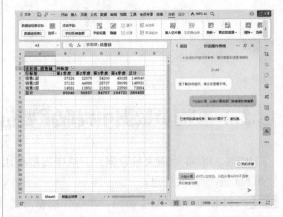

14.2.4 搞定复杂的公式运算

WPS AI能够根据实际需求，生成复杂的数学公式，帮助用户处理大量数据与进行高难度计算。借助WPS AI生成公式的具体操作步骤如下。

步骤 01 打开素材文件，在单元格中输入"="，唤起AI，单击右侧的 ⚡ 按钮，如下图所示。

步骤 02 弹出提问框，输入需求指令，越具体越好，然后单击 ➤ 按钮，如下图所示。

步骤 03 WPS AI即可根据指令生成公式。用户可查看公式是否准确，如果没问题则单击【完成】按钮，如下图所示。

步骤 04 如果需要调整公式参数，可单击【参数列表】按钮 ⇄，设置参数，如右上图所示。

步骤 05 当需要WPS AI解释公式时，可单击包含公式的单元格，唤起AI，单击右侧的 ⚡ 按钮，如下图所示。

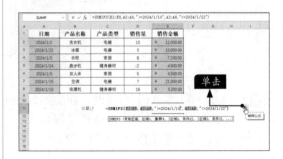

WPS AI即会对公式进行解释，包括公式意义、函数解释及参数解释等，如下图所示。

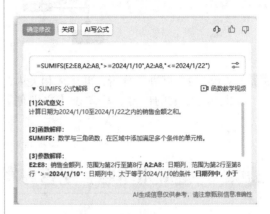

14.3 实战——AI在演示文稿中的应用

WPS AI在演示文稿制作方面具备多种实用功能，包括一键生成演示文稿，一键应用主题、配色方案和字体方案以及生成全文演讲备注等。借助这些功能，用户能在短时间内制作出一份既专业又吸引人的演示文稿。

14.3.1 一键生成演示文稿

用户只需提供主题或大纲，WPS AI就能自动分析关键信息并生成一份完整的演示文稿。

步骤 01 打开【新建演示文稿】标签页，单击【智能创作】缩略图，如下图所示。

步骤 02 弹出【WPS AI】悬浮框，在文本框中输入主题或大纲，并根据需求选择篇幅长短，然后单击【智能生成】按钮，如下图所示。

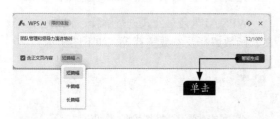

步骤 03 WPS AI即可进行分析，并生成相关内容。如果满意生成的内容，则单击【立即创建】按钮，如下图所示。

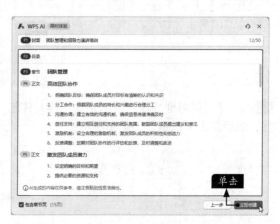

WPS AI将根据内容生成一个演示文稿，如下图所示。

14.3.2 一键应用主题、配色方案和字体方案

通过WPS AI的智能分析和推荐，用户可以轻松找到合适的主题、配色方案和字体方案，并一键将其应用到演示文稿中，从而大大提高演示文稿的质量和制作效率。

步骤 01 单击【WPS AI】按钮，如下图所示。

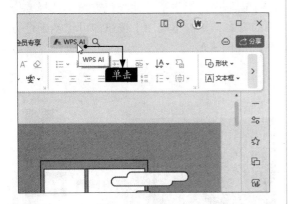

步骤 02 弹出【WPS AI】窗格，单击【排版美化】选项，如下图所示。

步骤 03 在提问框中输入要更换的主题风格，单击➤按钮，如下图所示。

演示文稿的主题被更换，【WPS AI】窗格中还提供了一些其他方案，如右上图所示。

步骤 04 可以单击【换一换】按钮查看其他方案的效果，如下图所示。

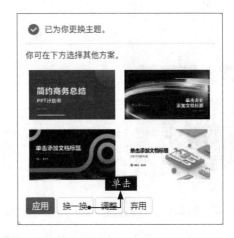

步骤 05 如果要调整风格，可单击【调整】按钮，在弹出的菜单中选择一种风格，如下图所示。

步骤 06 演示文稿的主题风格被更换，如果满意，则单击【应用】按钮，如下页图所示。

步骤07 单击提问框中的【更换主题】按钮，在弹出的菜单中选择【更换配色方案】选项，如下图所示。

步骤08 切换至【更换配色方案】操作，在提问框中输入配色要求，单击 ➤ 按钮，如下图所示。

步骤09 演示文稿的配色方案被更换，【WPS AI】窗格中还提供了其他配色方案。选择要应用的方案，单击【应用】按钮即可切换配色方案，如下图所示。

步骤10 切换为【更换字体方案】操作，在提示框中输入字体要求，即可浏览并选择相关的方案，如下图所示。

14.3.3　生成全文演讲备注

WPS AI可以自动整合和归纳幻灯片内容，并生成简洁明了的全文演讲备注，从而帮助用户更好地进行演讲，提高观众满意度。

步骤01 在【WPS AI】窗格，在提示框中打开功能列表，单击【生成全文演讲备注】选项，如右图所示。

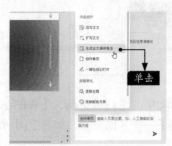

步骤 02 WPS AI即可为演示文稿中的所有幻灯片生成演讲备注，单击【应用】按钮，即可完成操作，如右图所示。

小提示

WPS AI为幻灯片生成备注后，用户最好先查看每页的备注内容，确认其是否与该页内容一致，再进行应用操作。

14.4 实战——AI在PDF中的应用

WPS AI能够快速提取PDF文档重点、对所选内容进行解释和总结等，从而帮助用户更高效地阅读、理解和分析PDF文档。

14.4.1 快速提取文档重点

PDF中的AI内容提问功能与文字组件中的文档阅读功能类似，用户只需向WPS AI提出与文章相关的问题，WPS AI就能通过深入分析文章内容来给出答案，从而帮助用户更高效地阅读文章。

步骤 01 打开PDF文档，单击【WPS AI】按钮，打开【WPS AI】窗格，单击【内容提问】选项，如下图所示。

结】选项。

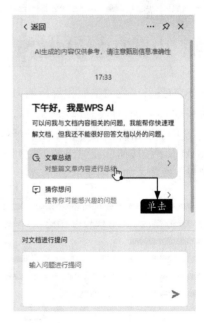

步骤 02 打开右图所示的窗格，单击【文章总

WPS AI即可对文章内容进行总结，并生成总结内容，如下页图所示。

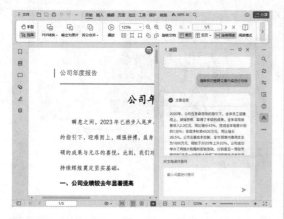

步骤 03 另外，也可以提炼文档的内容摘要。在提问框中输入指令，单击➤按钮，即可获得摘要，如下图所示。

步骤 04 输入其他问题，WPS AI即可根据问题提供相应回答，如下图所示。

步骤 05 用户也可以单击下方推荐的问题，快速获得对应答案，如下图所示。

14.4.2 内容的总结与解释

WPS AI具备出色的整理和解析能力，能够轻松地对PDF文档中选定的内容进行总结，同时，它还能够对文本进行详尽且深入的解释，有助于我们更好地理解复杂、晦涩的文本内容。

步骤 01 选中需要解释的文本，单击悬浮框中的【WPS AI】下拉按钮，在弹出的下拉列表中单击【解释】选项，如下图所示。

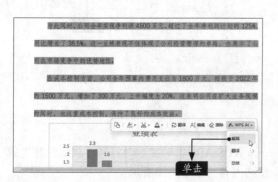

弹出AI悬浮框，其中显示了解释内容，如下图所示。

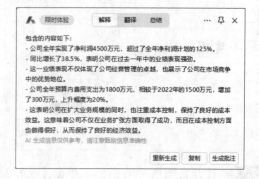

步骤 02 单击【生成批注】按钮，解释内容会以批注形式插入PDF文档中，如下图所示。

步骤 03 如果要对所选文本进行总结，则单击悬浮框中的【WPS AI】下拉按钮，在弹出的下拉列表中选择【总结】选项。其中包含【详细】和【精简】子选项，这里选择【精简】子选项，如右上图所示。

弹出AI悬浮框，其中显示了对所选文本的总结，如下图所示。

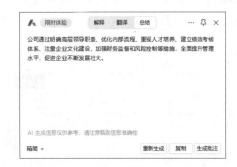

高手私房菜

技巧：指令百宝箱——灵感市集

WPS AI的灵感市集提供了丰富的主题指令模板，这为用户提供了极大的便利。用户可以根据自己的需求选择相应的指令模板，快速获得所需内容。通过设置参数，用户可以更加灵活地定制生成的内容，使其更符合自己的需求。

步骤 01 在文字文档中连按两次【Ctrl】键，调出悬浮框，单击文本框，再单击弹出的列表中的【灵感市集】选项，如下图所示。

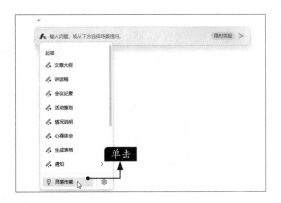

步骤 02 打开【灵感市集】对话框，其中显示了

不同类型的主题，在要使用的指令上单击【使用】按钮，如下图所示。

步骤 03 弹出AI悬浮框，在文本框中输入信息，或选择预设好的选项，单击▶按钮即可进行内容生成，如下页图所示。

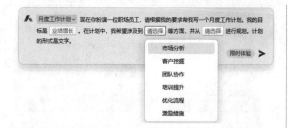

步骤 04 如果要创建指令，可以在【灵感市集】对话框中单击搜索指令框右侧的【创建指令】按钮 + ，如下图所示。

步骤 05 打开【创建指令】对话框，在【编辑】文本框中的【指令】区域中输入指令内容，通

过【组件】和【条件】框配合制作指令。指令输入完成后输入指令名称和简介，单击【保存】按钮，如下图所示，将其保存到【灵感市集】对话框中的【我的创建】区域下。

步骤 06 当要使用该指令时，可在【我的创建】区域中找到该指令，单击【使用】按钮。在打开的AI悬浮框中，用户可根据需求设置参数，如下图所示。

第 **15** 章

电脑系统的优化与维护

学习目标

　　用户在使用电脑的过程中，不仅需要对电脑的性能进行优化，还需要对病毒进行防范、对电脑系统进行维护等，以确保电脑的正常使用。本章主要介绍电脑系统的优化与维护，包括系统安全与防护、优化电脑的开机速度和运行速度、硬盘的优化与管理、系统保护与系统还原、重置电脑和重装系统等。

学习效果

15.1 实战——系统安全与防护

电脑病毒极具破坏性、潜伏性，电脑病毒不但会影响电脑的正常运行，使其运行速度变慢，而且可能会造成整个系统的崩溃。本节主要介绍更新系统与查杀病毒的方法。

15.1.1 更新系统

用户可以通过更新Windows来修复系统中存在的漏洞，从而防止外部病毒对系统的非法侵入与破坏。下面介绍更新Windows 11的方法，具体操作如下。

步骤 01 按【Windows+I】组合键，打开【设置】面板，单击【Windows更新】选项，在面板右侧单击【检查更新】按钮，如下图所示。

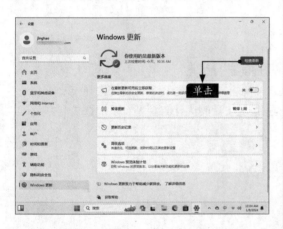

此时系统即会检查更新，如下图所示。

当有可供安装的更新时，其会显示在可更新列表中，并会自动进行下载，面板右侧会显示下载进度，如右上图所示。

步骤 02 部分Windows更新会要求重启电脑，根据提示，单击【立即重新启动】按钮，如下图所示。如果不要求重启，则无须对电脑进行重启操作。

另外，用户还可以使用360安全卫士或腾讯电脑管家修复系统漏洞。如果用户使用的是360安全卫士，可在其主界面中单击【系统修复】

图标，然后单击【漏洞修复】按钮，对系统进行扫描和修复，如下图所示。

如果用户使用的是腾讯电脑管家，可以单击【病毒查杀】➤【修复漏洞】选项，对系统进行扫描和修复，如下图所示。

15.1.2 查杀电脑中的病毒

电脑有时会感染病毒，但是很多用户不知道电脑是否感染了病毒，即便知道感染了病毒，也不知道该如何查杀。Windows Defender是Windows内置的安全防护软件，下面以该软件为例，介绍查杀电脑中的病毒的方法。

步骤 01 单击通知区域中的Windows Defender图标，如下图所示。

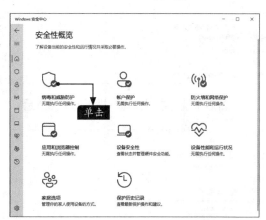

小提示

当Windows Defender的图标为时，表示电脑当前安全性正常；图标为时，表示当前电脑安全性异常；图标为时，表示当前电脑安全性差。如果通知区域无该图标，可按【Windows+I】组合键，打开【设置】面板，单击【隐私和安全性】➤【Windows安全中心】选项，打开【Windows安全中心】面板，启用该软件。

步骤 02 打开【Windows安全中心】面板。用户可以单击左侧的菜单选项，也可以在右侧单击【病毒和威胁防护】选项，如右上图所示。

小提示

【Windows 安全中心】面板右侧有8个图标，它们的功能如下。

（1）病毒和威胁防护：监控设备威胁、运行扫描并获取更新来帮助检测最新的威胁。

（2）账户保护：访问登录选项和账户设置，包括Windows Hello和动态锁屏。

（3）防火墙和网络保护：管理防火墙设置，并监控网络和连接的状况。

（4）应用和浏览器控制：更新Windows Defender SmartScreen来帮助设备抵御具有潜在危害的软件、文件、站点和下载内容等。

步骤 03 进入【病毒和威胁防护】界面，单击【快速扫描】按钮，如下图所示。

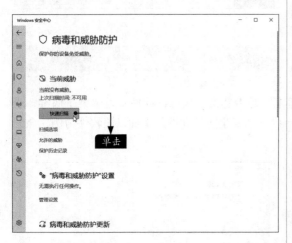

单击后系统将进行快速扫描，如下图所示。

若提示没有威胁，则说明系统当前没有受到病毒威胁，如右上图所示。

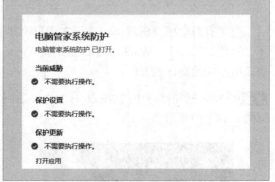

步骤 04 单击【扫描选项】选项，进入【扫描选项】界面，如下图所示。用户可以根据需求选择扫描方式。

当电脑有病毒并被拦截时，则会弹出提示框，用户可在其中选择对病毒文件的处理方式，具体操作步骤如下。

步骤 01 单击弹出的提示框，如下图所示。

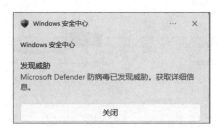

步骤 02 打开【Windows安全中心】面板，进入【保护历史记录】界面，即可看到威胁信息，如下图所示。

步骤 03 单击威胁信息即可查看详细的处理信息。单击【操作】按钮，在弹出的菜单中选择处理方式。如果单击【隔离】选项，则将其与电脑隔离；如果单击【删除】选项，则将其从电脑中删除；如果是软件误判，则可以单击【允许在设备上】选项，该文件可继续使用。这里单击【删除】选项，如下图所示。

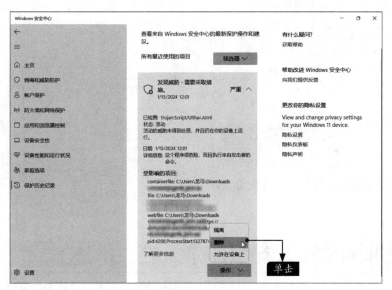

15.2 实战——优化电脑的开机速度和运行速度

开机启动项过多会影响电脑的开机速度。此外，系统、网络和硬盘等的状况都会影响电脑的运行速度。为了能够更好地使用电脑，我们需要定时对其进行优化。

15.2.1 使用【任务管理器】进行启动项优化

使用Windows 11自带的【任务管理器】不仅可以查看系统进程、性能、应用历史记录等，还可以查看启动项，并对其进行管理，具体操作步骤如下。

步骤01 右击【开始】按钮██，在弹出的菜单中单击【任务管理器】选项，如下图所示。

> **小提示**
>
> 按【Ctrl+Shift+Esc】组合键也可打开【任务管理器】窗口。

打开【任务管理器】窗口，默认显示【进程】选项卡，该选项卡下显示了CPU、内存、磁盘和网络的进程情况，如下图所示。

步骤02 单击【启动应用】按钮📷，选中要禁用

的启动项，单击右上角的【禁用】按钮，如下图所示。

步骤03 单击后相应的启动项被禁用，状态显示为"已禁用"。电脑再次启动时，这些项目不会启动。若希望某应用开机时自动启动，可以右击该应用，在弹出的菜单中单击【启用】选项，如下图所示。

15.2.2 使用360安全卫士进行优化

用户还可以使用360安全卫士的优化加速功能优化开机速度、系统速度、上网速度和硬盘速度，具体操作步骤如下。

步骤01 打开360安全卫士，单击【优化加速】图标，然后单击【一键加速】按钮，如下图所示。

单击后软件即会对电脑进行扫描，如下图所示。

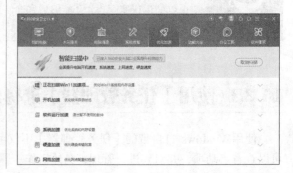

步骤 02 扫描完成后界面中会显示可优化项，用户可选择要优化的选项，然后单击【立即优化】按钮，如下图所示。

步骤 03 弹出【一键优化提醒】对话框，用户可根据情况选择需要优化的选项。如需全部优化，勾选【全选】复选框；如需部分优化，勾选需要优化的项目前的复选框，然后单击【确认优化】按钮，如下图所示。

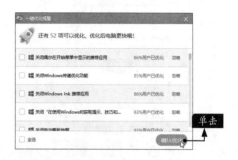

15.3 实战——硬盘的优化与管理

硬盘用于存储电脑中的文件，它的性能影响着电脑的正常运行，本节主要介绍如何优化和管理硬盘。

15.3.1 清理系统盘

系统盘可用空间太小会影响系统的正常运行，本小节主要介绍如何清理系统盘以释放空间。

步骤 01 按【Windows+I】组合键，打开【设置】面板，单击【系统】➤【存储】选项，如下图所示。

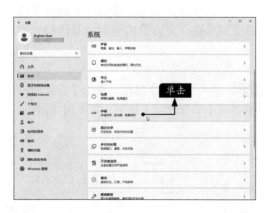

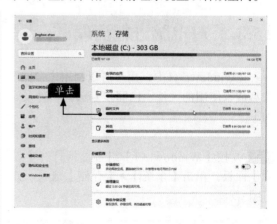

步骤 02 进入【存储】界面，单击【临时文件】选项，如右上图所示。

> **小提示**
>
> 　　【存储】界面会显示系统盘的使用情况，如安装的应用、文档、临时文件、其他等，用户单击其中的选项即可进入对应界面，查看详细的文件情况。

步骤 03 进入【临时文件】界面，在下方勾选要删除的临时文件的复选框，单击【删除文件】按钮，如下图所示。

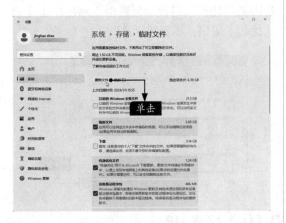

步骤 04 在弹出的提示框中单击【继续】按钮，如下图所示。

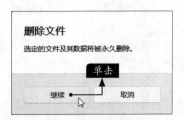

单击后系统开始自动清理要删除的临时文件，清理过程如右上图所示。

另外，用户还可以使用360安全卫士对系统盘进行清理。在【功能大全】界面下，单击【系统】➤【系统盘瘦身】图标进行系统盘清理，如下图所示。

15.3.2 对电脑进行清理

在Windows 11中，用户可以利用【存储管理】区域中的【清理建议】功能，对临时文件、大型或未使用的文件、已同步到云的文件及未使用的应用等进行全方位的清理。具体操作步骤如下。

步骤 01 按【Windows+I】组合键，打开【设置】面板，单击【系统】➤【存储】选项，如下图所示。

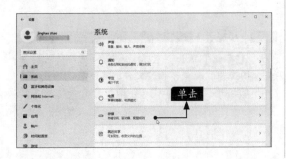

步骤 02 进入【存储】界面，单击【存储管理】区域中的【清理建议】选项，如下图所示。

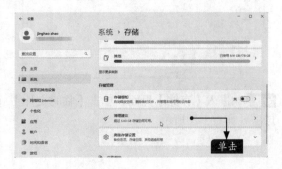

步骤 03 进入【清理建议】界面，在【临时文件】区域中勾选【下载】【回收站】【临时Windows安装文件】复选框，单击下方的【清理】按钮，如下图所示。

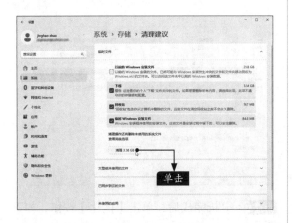

> **小提示**
>
> 在清理之前，请确保【回收站】和【下载】文件夹中没有需要保留的内容。

步骤 04 弹出【清理选定内容】提示框，单击【继续】按钮，如下图所示。

单击后系统即会对所选内容进行清理，如下图所示。

步骤 05 清理完成后，系统会提示"没有建议清理的文件"，如下图所示。使用同样的方法，可以清理大型或未使用的文件、已同步到云的文件及未使用的应用等。

15.3.3 整理磁盘碎片

用户保存、更改或删除文件时，硬盘卷上会产生碎片。用户保存的对文件的更改通常存储在卷上与原文件不同的位置。这不会改变文件在Windows中的显示位置，而只会改变组成文件的信息片段在卷中的存储位置。随着时间的推移，文件和卷都会碎片化，而电脑的运行速度也会变慢，因为电脑打开单个文件时需要查找不同的位置。

整理磁盘碎片是指合并卷上的碎片数据，以便卷能够更高效地工作。磁盘碎片整理软件能够重新排列卷上的数据并合并碎片数据，使电脑更高效地运行。在Windows 11中，磁盘碎片整理软件可以按计划自动运行，用户也可以手动运行该软件或更改该软件的使用计划。

> **小提示**
>
> 如果电脑使用的是固态盘，则不需要整理磁盘碎片，通过硬盘优化软件进行优化即可。

步骤01 打开【此电脑】窗口，选中任意驱动器，单击【查看更多】按钮…，在弹出的菜单中单击【优化】选项，如下图所示。

小提示

用户也可以在【设置】面板中单击【系统】▶【存储】选项，展开【高级存储设置】选项，单击【驱动器优化】选项。如果已经设置了优化计划，则会弹出【优化驱动器】提示框，如下图所示。如果要修改计划，则单击【删除自定义设置】按钮，如果不进行修改，则单击【保留自定义设置】按钮。

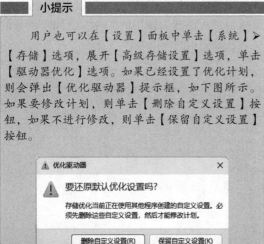

步骤02 弹出【优化驱动器】窗口，这里选择【文档(G:)】硬盘驱动器，单击【分析】按钮，如下图所示。

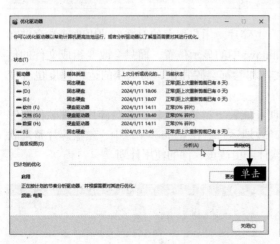

系统开始自动进行分析，对应的【当前状态】栏中会显示分析的进度，如下图所示。

步骤03 分析完成后，单击【优化】按钮，如下图所示。

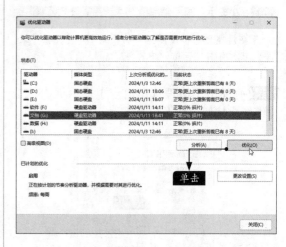

系统开始自动对磁盘碎片进行整理，如下图所示。

步骤 04 除了可以手动整理磁盘碎片外，用户还可以设置自动整理磁盘碎片的计划。在【优化驱动器】窗口中单击【更改设置】按钮，弹出【优化驱动器】对话框，勾选【按计划运行】复选框，用户可以在其下方设置自动检查碎片的频率和驱动器，设置完成后单击【确定】按钮，如下图所示。

步骤 05 返回【优化驱动器】窗口，单击【关闭】按钮，即可完成磁盘碎片的整理及优化计划的设置，如下图所示。

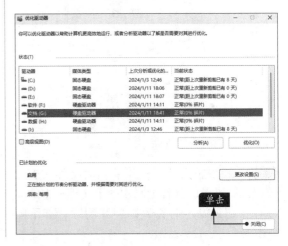

15.3.4 开启和使用存储感知功能

用户在使用电脑的过程中，可以利用存储感知功能从电脑中删除不需要的文件或临时文件，以达到释放磁盘空间的目的。

步骤 01 按【Windows+I】组合键，打开【设置】面板，单击【系统】➤【存储】选项，如下图所示。

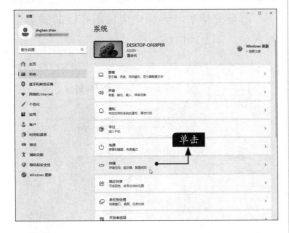

步骤 02 进入【存储】界面，在【存储管理】区域中，将【存储感知】的开关按钮设置为"开"，如右上图所示。开启该功能后，系统便可自动删除不需要的临时文件，以释放更多的空间。

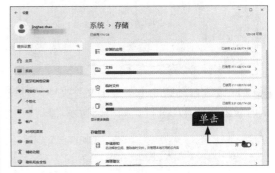

步骤 03 单击【存储感知】选项，进入【存储感知】界面，如下图所示。

步骤 04 在【运行存储感知】下拉列表中选择运

行存储感知的时间，包括每天、每周及每月，如下图所示。

步骤 05 设置长时间未使用的临时文件的删除规则，如可以设置若【回收站】文件夹中的文件存在超过设定时长，则将其删除，如下图所示。

步骤 06 设置自动删除【下载】文件夹中超过设定时长未被打开的文件，如下图所示。

步骤 07 设置若云盘内容超过一定时间未被打开，将其变为仅联机可用，以节省设备存储空间并确保在线访问，如下图所示。

步骤 08 单击【立即运行存储感知】按钮，即可清理符合条件的临时文件并释放空间，如下图所示。

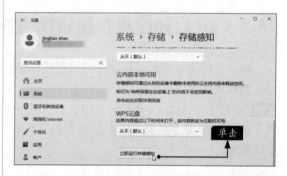

清理完毕后，界面中会显示释放的磁盘空间大小，如下图所示。

15.4 实战——系统保护与系统还原

Windows 11内置了系统保护功能，开启该功能后，系统会定期保存系统文件和设置的相关信息，当系统出现问题时，用户可以方便地将系统恢复到创建还原点时的状态。

15.4.1 系统保护

保护系统前，需要开启系统的保护功能，然后再创建还原点。

1. 开启系统保护功能

开启系统保护功能的具体操作步骤如下。

步骤 01 右击桌面上的【此电脑】图标，在弹出的菜单中单击【属性】选项，如下图所示。

步骤 02 进入【系统信息】界面，单击【系统保护】超链接，如下图所示。

步骤 03 弹出【系统属性】对话框，在【保护设置】列表中选择系统所在的分区，并单击【配置】按钮，如下图所示。

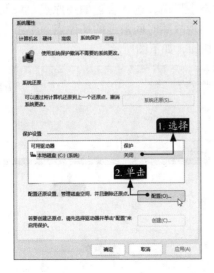

步骤 04 弹出【系统保护本地磁盘（C:）】对话框，选中【启用系统保护】单选项，调整【最大使用量】滑块到合适的位置，然后单击【确定】按钮，如下图所示。

2. 创建系统还原点

用户开启系统保护功能后，系统会定期保存系统文件和设置的相关信息。用户也可以自行创建系统还原点，具体操作步骤如下。

步骤 01 在打开的【系统属性】对话框中，选择【系统保护】选项卡，然后选择系统所在的分区，单击【创建】按钮，如下图所示。

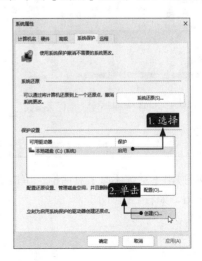

步骤 02 弹出【系统保护】对话框，在文本框中输入还原点的描述信息，单击【创建】按钮，如下图所示。

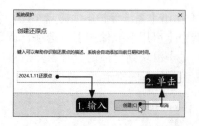

系统开始创建还原点，如右上图所示。

步骤 03 创建完毕后，将弹出"已成功创建还原点"提示信息，单击【关闭】按钮即可，如下图所示。

15.4.2 系统还原

创建好还原点之后，一旦系统遭到病毒或木马的攻击，不能正常运行，用户就可以将系统恢复到指定还原点。

下面介绍如何将系统还原到指定还原点，具体操作步骤如下。

步骤 01 打开【系统属性】对话框，在【系统保护】选项卡下单击【系统还原】按钮，如下图所示。

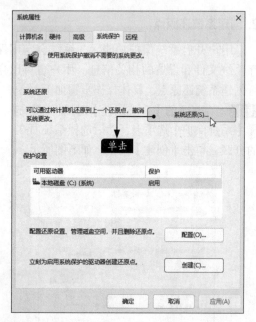

步骤 02 弹出【系统还原】对话框，单击【下一页】按钮，如右上图所示。

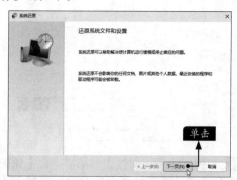

步骤 03 进入【将计算机还原到所选事件之前的状态】界面，选择合适的还原点，一般选择距离出现故障时间最近的还原点，单击【下一页】按钮，如下图所示。

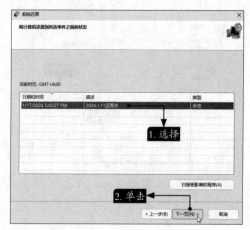

弹出"正在扫描受影响的程序和驱动程序"提示信息，如下图所示。

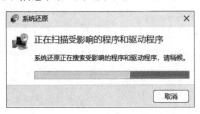

扫描完成后，对话框中将显示详细的被删除的程序和驱动程序的信息，如下图所示。用户可以查看所选择的还原点是否正确，如果不正确，可以返回重新操作。

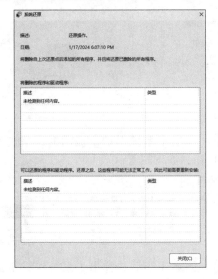

步骤 04 单击【关闭】按钮，返回【将计算机还原到所选事件之前的状态】界面，确认还原点选择是否正确，如果还原点选择正确，则单击【下一步】按钮，进入【确认还原点】界面，如下图所示。

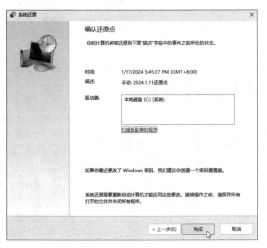

步骤 05 如果确认操作无误，则单击【完成】按钮，弹出提示框，提示"启动后，系统还原不能中断。你希望继续吗？"如下图所示。单击【是】按钮。

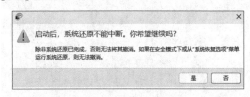

弹出【系统还原】提示框，显示还原进度，如下图所示。

还原准备完成后电脑即会重新启动，如下图所示。

重启后，电脑会自动进行系统还原，无须用户进行任何操作，如下图所示。

完成系统还原后，电脑会再次重新启动，如下图所示。

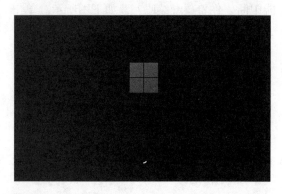

步骤 06 登录到桌面后，将会弹出提示框，提示"系统还原已成功完成"，单击【关闭】按钮，即可完成将系统恢复到指定还原点的操作，如下图所示。

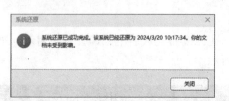

另外，如果用户要删除还原点，可以执行以下操作。

步骤 01 打开【系统属性】对话框，在【保护设置】区域中单击【创建】按钮，如下图所示。

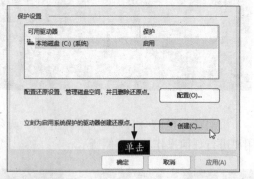

步骤 02 打开【系统保护本地磁盘（C:）】对话框，单击【删除】按钮，如下图所示。

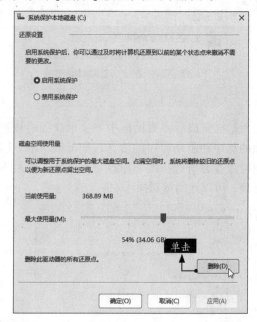

步骤 03 弹出【系统保护】提示框，单击【继续】按钮，如下图所示。

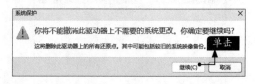

步骤 04 删除完毕后，弹出【系统保护】提示框，提示"已成功删除这些还原点。"单击【关闭】按钮即可，如下图所示。

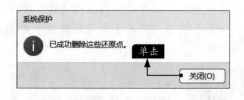

15.5 实战——将电脑恢复到初始状态

重置电脑是Windows 10就具有的系统功能，Windows 11依然保留了该功能，用户可以在系统出现问题或希望将系统恢复至初始状态时使用，这样就不需要重装系统了。

步骤 01 按【Windows+I】组合键，打开【设置】面板，单击【系统】➤【恢复】选项，单击【恢复选项】区域中的【初始化电脑】按钮，如下图所示。

步骤 02 弹出【选择一个选项】界面，单击【保留我的文件】选项，如下图所示。

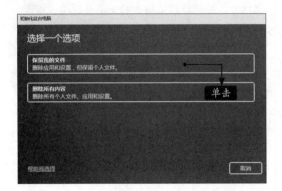

步骤 03 进入【你希望如何重新安装Windows？】界面，单击【本地重新安装】选项，如下图所示。

步骤 04 进入【其他设置】界面，单击【下一页】按钮，如右上图所示。

步骤 05 进入【准备就绪，可以初始化这台电脑】界面，单击【重置】按钮，如下图所示。

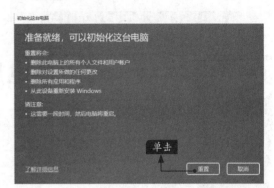

单击后系统即会进行重置准备，如下图所示。

重置准备完成后，电脑重新启动，进入重置界面，如下图所示。

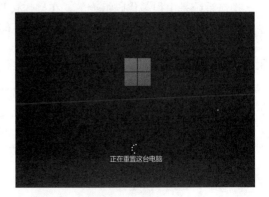

步骤 06 重置完成后会进入Windows设置界面，如下图所示，用户根据情况进行设置即可。

设置完成后电脑会再次重启并自动进入桌面，如下图所示。

15.6 实战——重装电脑系统

用户误删除系统文件、病毒破坏系统文件等，都会导致系统中的重要文件丢失或受损，甚至可能导致系统崩溃无法启动，此时就不得不重装系统。另外，有些时候，系统虽然能正常运行，但是经常出现错误提示，甚至修复系统也不能解决这一问题，那么这时也必须重装系统。

15.6.1 什么情况下需要重装系统

当系统出现以下3种情况之一时，就必须考虑重装系统。

1. 系统运行速度变慢

系统运行速度变慢的原因有很多，如垃圾文件分布于整个硬盘且不便于集中清理和自动清理，或者是系统感染了病毒或其他恶意软件且无法用杀毒软件清理等。这时就需要对硬盘进行格式化处理并重装系统。

2. 系统频繁出错

操作系统是由很多代码组成的，在操作过程中误删某个文件、代码被恶意改写等，都会导致系统出现错误。如果错误不便于准确定位或不能轻易解决，就需要考虑重装系统。

3. 系统无法启动

系统无法启动的原因很多，如DOS引导出现错误、目录表被损坏或系统文件"Nyfs.sys"丢失等。如果无法查找出原因或无法解决导致系统无法启动的问题，就需要重装系统。

另外，一些电脑爱好者为了使电脑在最优的状态下工作，会定期重装系统，这样可以为系统"减负"。不管在哪种情况下重装系统，重装系统的方式都分为两种：一种是覆盖式重装，另一种是全新重装。前者是在原操作系统的基础上重装，其优点是可以保留原系统的设置，缺点是无法彻底解决系统中存在的问题。后者则是对系统所在的分区进行格式化，其优点是能够彻底解决系统中存在的问题。因此，在重装系统时最好选择全新重装。

15.6.2 重装系统前应注意的事项

在重装系统前，用户需要做好充分的准备，以避免重装系统造成数据丢失等。那么在重装系统之前应该注意哪些事项呢？

1. 备份数据

在因系统崩溃或出现故障而准备重装系统前，应备份好自己的数据。这时，一定要静下心来，仔细回想硬盘中需要备份的数据，把它们一项一项地写下来，然后逐一对照进行备份。如果硬盘不能启动，这时需要考虑用其他启动盘启动系统，以备份自己的数据，或将硬盘挂接到其他电脑上进行备份。但是，最好的办法是在平时就养成备份重要数据的习惯，这样就可以有效避免硬盘数据不能恢复的情况。

2. 格式化硬盘

重装系统时，格式化硬盘是解决系统问题最有效的办法，尤其是在系统感染病毒后。最好不要只格式化C盘，如果有条件将硬盘中的数据全部备份或转移，应尽量将整个硬盘都格式化，以保证新系统的安全。

3. 牢记安装序列号

安装序列号相当于一个人的身份证号，用于表明这个操作系统的身份。如果不小心丢失操作系统的安装序列号，那么在重装系统时，如果采用的是全新重装，安装过程将无法进行下去。正规的操作系统的安装序列号会写在软件说明书中或安装介质（光盘或U盘）封套上的某个位置。如果用户用的是某些软件合集光盘中提供的测试版系统，那么安装序列号可能在安装目录的某个说明文件中，如SN.txt等文件。因此，用户在重装系统之前，需要将安装序列号读出并记录下来以备稍后使用。

15.6.3 重装系统的方法

下面以Windows 11为例，简单介绍重装系统的方法。

1. 设置电脑BIOS

使用U盘安装Windows 11之前，需要将电脑的第一启动项设置为U盘启动，此处可以通过BIOS设置，具体操作步骤如下。

步骤 ① 按主机箱上的开机键,在启动界面中按【Delete】键,进入BIOS设置界面。单击【BIOS 功能】选项,再单击下方的【选择启动优先顺序】列表中【启动优先权 #1】右侧的 `SATA S...` 按钮,如下图所示,或按【Enter】键。

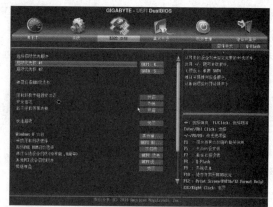

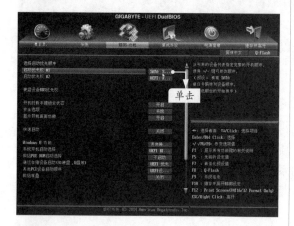

步骤 ② 弹出【启动优先权 #1】对话框,在列表中选择要优先启动的介质,这里选择【UEFI:kingstonDataTraveler 3.00000】选项,如下图所示。

> **小提示**
>
> 不同U盘的名称是不一样的,一般其名称中包含品牌的英文名称,另外,如果列表中没有U盘驱动器的选项,可以在【BIOS 功能】下的【硬盘设备BBS优先权】选项中,设置U盘驱动器的优先权。

此时,U盘驱动器被设置为第一启动项,如右上图所示。

步骤 ③ 按【F10】键,弹出【储存并离开BIOS设定】对话框,单击【是】按钮,如下图所示。BIOS设置完成,U盘被设置为第一启动项,再次启动电脑时将从U盘启动。

2. 安装系统

BIOS设置完成后,就可以使用U盘安装Windows 11了。

步骤 ① 将U盘插入电脑的USB接口,按电脑电源键,屏幕中出现"Start booting from USB device..."提示,如下图所示。

> **小提示**
>
> 部分电脑不会显示提示,而会直接加载U盘中的安装文件。

开始加载Windows 11安装文件,进入启动界面,此时不需要执行任何操作,如下页图所示。

步骤 02 启动完成后会弹出【Windows 安装程序】窗口，保持默认设置，单击【下一页】按钮，如下图所示。

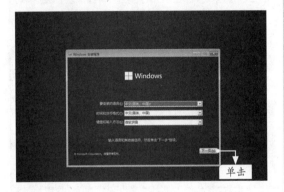

步骤 03 显示【现在安装】按钮。如果要立即安装Windows 11，则单击【现在安装】按钮，如果要修复系统，则单击【修复计算机】选项，这里单击【现在安装】按钮，如下图所示。

步骤 04 进入【激活Windows】界面，如右上图所示，输入产品密钥，单击【下一页】按钮。

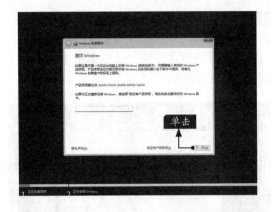

小提示

产品密钥一般在产品包装盒中的标签上或购买数字版Windows后收到的确认电子邮件中。

步骤 05 进入【选择要安装的操作系统】界面，选择要安装的系统版本，这里选择【Windows 11 专业版】，单击【下一页】按钮，如下图所示。

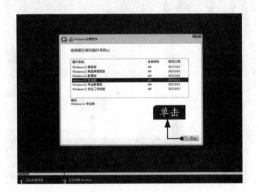

步骤 06 进入【适用的声明和许可条款】界面，勾选【我接受Microsoft软件许可条款。如果某组织授予许可，则我有权绑定该组织。】复选框，单击【下一页】按钮，如下图所示。

步骤 07 进入【你想执行哪种类型的安装？】界面，如果要采用升级的方式安装Windows 11，可以单击【升级】选项。这里单击【自定义】选项，如下图所示。

步骤 08 选择安装操作系统的分区，单击【下一页】按钮，如下图所示。

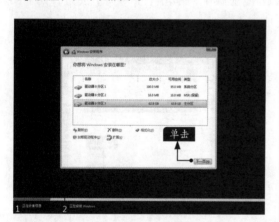

小提示

如果原系统盘的内容不需要保留，则单击【格式化】按钮，进行格式化操作后，再单击【下一页】按钮。

3. 安装设置

选择操作系统的安装位置后，就可以开始安装Windows 11了，安装完成后还需要进行系统设置才能进入Windows 11的桌面。

步骤 01 进入【正在安装Windows】界面，系统自动开始执行复制Windows文件、准备要安装的文件、安装功能、安装更新等操作，如右上图所示。此时，用户等待自动安装完成即可。

步骤 02 安装完成后，将弹出【Windows需要重启才能继续】界面，用户可以单击【立即重启】按钮，如下图所示。

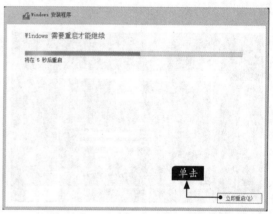

电脑重启后，需要等待系统进一步设置，此时不需要执行任何操作，如下图所示。

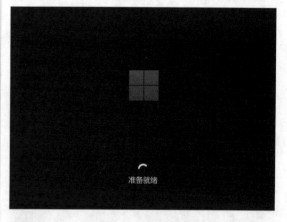

步骤 03 准备就绪后进入设置界面，选择所在的国家（地区），然后单击【是】按钮，如下页图所示。

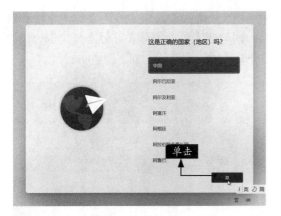

步骤 04 选择要使用的输入法，单击【是】按钮，如下图所示。

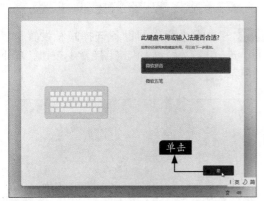

步骤 05 进入【是否想要添加第二种键盘布局？】界面，如果需要添加则单击【添加布局】按钮，如果不需要则单击【跳过】按钮。这里单击【跳过】按钮，如下图所示。

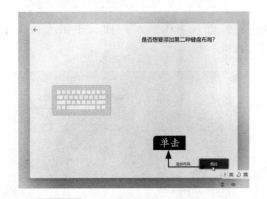

小提示

如果使用的是笔记本电脑，此处要求电脑连接无线网络，后续操作需在联网状态下进行。

步骤 06 进入命名电脑界面，设置电脑的名称，然后单击【下一个】按钮，如右上图所示。

小提示

不建议随意命名电脑，因为安装操作系统后，将产生一个与该名称同名的用户文件夹。

步骤 07 进入【你想要如何设置此设备？】界面，选择个人或组织账户，这里单击【针对个人使用进行设置】选项，然后单击【下一步】按钮，如下图所示。

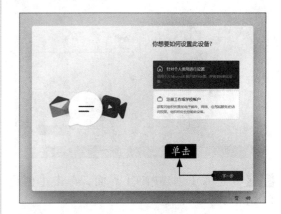

步骤 08 进入【解锁你的Microsoft体验】界面，单击【登录】按钮，如下图所示。

步骤 09 进入添加账户界面，输入Microsoft的账户信息，然后单击【下一步】按钮，如下图所示。如果没有账户，则单击【创建一个！】超链接。

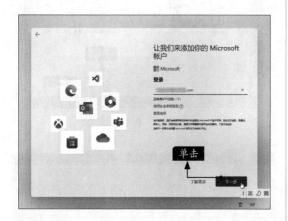

步骤 10 进入下图所示界面，输入该账户的密码，然后单击【登录】按钮。

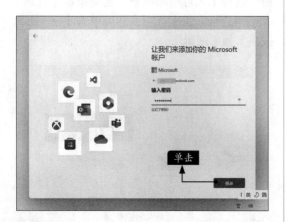

步骤 11 进入【创建PIN】界面，单击【创建PIN】按钮，如下图所示。

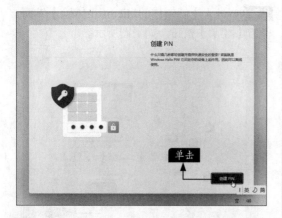

步骤 12 进入【设置PIN】界面，在输入框中

输入PIN并确认输入，如果需要输入字母和符号，则勾选【包含字母和符号】复选框。设置后单击【确定】按钮，如下图所示。

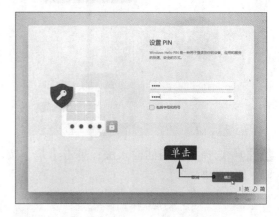

步骤 13 进入【为你的设备选择隐私设置】界面，进行相关设置后单击【接受】按钮，如下图所示。

步骤 14 进入下图所示界面，单击【接受】按钮。

设置完成后进入准备界面，如下页图所示，此时等待即可。

面如下图所示。

完成Windows 11的安装，Windows 11的桌

 高手私房菜

技巧：更改内容的保存位置

在安装软件，下载文档、音乐时，用户可以针对不同的文件类型，为其指定保存位置，下面介绍如何更改内容的保存位置。

步骤 01 打开【设置】面板，单击【系统】➤【存储】选项，如下图所示。

步骤 02 展开【高级存储设置】选项，单击【保存新内容的地方】选项，如下图所示。

进入【保存新内容的地方】界面，即可看到应用、文档、音乐、照片和视频等内容的默认保存位置，如下图所示。

步骤 03 如果要更改某个内容的保存位置，单击相应的下拉按钮，在弹出的下拉列表中选择要保存该内容的磁盘，如下图所示。

步骤 04 选择磁盘后，单击右侧的【应用】按钮，如下图所示。

步骤 05 单击后内容的保存位置改变。使用同样的方法，可以修改其他内容的保存位置，如下图所示。